本书获得北京大学上山出版基金资助，特此致谢！

青年学者文库

历史城区演变与宜居发展

The Evolution of Historic Districts and Livability Development in Cities

赵鹏军 著

北京大学出版社
PEKING UNIVERSITY PRESS

图书在版编目(CIP)数据

历史城区演变与宜居发展/赵鹏军著.—北京:北京大学出版社,2020.7
(青年学者文库)
ISBN 978-7-301-30742-7

Ⅰ.①历… Ⅱ.①赵… Ⅲ.①城市规划—城市管理—研究—北京
Ⅳ.①TU984.21

中国版本图书馆 CIP 数据核字(2019)第 199614 号

书　　名 历史城区演变与宜居发展
LISHI CHENGQU YANBIAN YU YIJU FAZHAN
著作责任者 赵鹏军　著
责 任 编 辑 孙莹炜
标 准 书 号 ISBN 978-7-301-30742-7
出 版 发 行 北京大学出版社
地　　址 北京市海淀区成府路 205 号　100871
网　　址 http://www.pup.cn
新 浪 微 博 @北京大学出版社　@未名社科-北大图书
微信公众号 ss_book
电 子 信 箱 ss@pup.pku.edu.cn
电　　话 邮购部 010-62752015　发行部 010-62750672
编辑部 010-62765016
印 刷 者 大厂回族自治县彩虹印刷有限公司
经 销 者 新华书店
650 毫米×980 毫米　16 开本　17.5 印张　230 千字
2020 年 7 月第 1 版　2020 年 7 月第 1 次印刷
定　　价 52.00 元

前　言//

人居环境（human settlement）指的是人类生活工作地及其相关的自然和人文环境。1976 年，第一次联合国人类住区会议通过的《温哥华人类住区宣言》（The Vancouver Declaration on Human Settlements）提出，人居环境是人类社会的集合体，包括所有社会、物质、组织、精神和文化要素，由物理要素以及为其提供支撑的服务组成。其中物理要素包括住房（为人类提供安全、隐私和独立性）和基础设施（递送商品、能源或信息的复杂网络）；支撑服务体系包括经济、制度、管理等。吴良镛先生指出，人居环境包括五大子系统：自然系统（气候、土地、植物和水等）、人类系统（个体的聚居者，侧重人的心理与行为等）、居住系统（住宅、社区设施与城市中心等）、社会系统和支撑系统（住宅的基础设施）。20 世纪 50 年代，佐克西亚季斯（C. A. Doxiadis）提出“人类聚居学”，认为人居环境是社会经济活动的空间维度和物质体现，人居环境各子系统相互联系、相互作用，共同形成人居环境开放复杂的系统。人居环境的聚落形态包括城市、镇、村、建筑（群）等等。

绿色宜居发展（green and livable development）是人类城市发展的必然趋势和客观要求。2015 年 9 月，联合国可持续发展峰会在纽约总部召开，联合国 193 个会员国在峰会上正式通过 17 个可持续发展目标，其中一个目标就是建设包容、安全、有风险抵御能力和可持续的城市及人类住区，强调改善老旧城区生活质量，保护历史文化遗迹，发展低碳经济，提倡绿色建筑。

如今，我国城市发展正处于转型时期，不同于西方国家城市的演变过程，我国城市转型体现出快速、多元同步、高度复杂的特性。首先是城镇化快速发展。城镇化水平从 1978 年的 17.92% 增长到 2017 年的 58.52%，39 年间城市人口增加了 6.4 亿。城镇化不仅是城镇人口的增加，还体现在城市空间演变、社会经济重构、生活方式变化等方面。其次是全球化（globalization）、非集权化（decentralization）和市场化（marketization）的同步进行、相互交错与相互作用。最后是城市发展的高度复杂性。城市发展过程体现了政府与市场、大规模的新城开发与多层面的旧城更新、经济增长效率与社会公平、国际导向的现代化发展与中国传统文化传承、城市繁荣和拥挤与乡村滞后等多个方面的冲突与矛盾。

我国城市转型的特征决定了我国旧城发展和更新过程将面临艰巨的任务和严峻的挑战。我国历史悠久，大多数城市具有一定规模的历史城区，且历史城区居住了大量人口。以北京为例，东、西城区常住人口约为 207 万，密度达到每平方公里 2 万人以上（2017 年）。历史城区是产业经济、商务商贸等活动的富集区，历史文化遗迹的密集区，以及交通运输和客货集散的枢纽地区。同时，历史城区也是外来人口的聚集区、危旧房屋和棚户改造的重点地区。历史城区更新“牵一发而动全身”，对于延续城市文脉、改善民生、建设包容性社会、促进绿色发展具有极其重要的意义。

2015 年召开的中央城市工作会议指出，要提高城市发展的宜居性，把创造优良人居环境作为中心目标，既要加强对城市的空间立体性、平面协调性、风貌整体性、文脉延续性等方面的规划和管控，留住城市特有的地域环境、文化特色、建筑风格等“基因”，又要加快城镇棚户区和危房改造，加快老旧小区改造，推动形成绿色低碳的生产生活方式和城市建设运营模式。依据中共中央、国务院印发的《国家新型城镇化规划（2014—2020 年）》，我们要集约高效利用存量空间，科学有序促进城市更新和合理布局高质量生活生产空间。促进绿色宜居发展已经成为各地政府实现城市更新和历史城区可持续发展的重要抓手。

但是，绿色宜居的内涵是什么？历史城区演变过程中如何实现绿色宜居？这些问题仍然没有定论，学术界对此也有不同的观点和争议。学术上的争论也反映出了政策实践中的困惑：如何促进历史城区绿色宜居发展？这对大多数决策者来说仍然值得商榷。

自2012年起，北京大学城市与环境学院城市与区域规划系、城乡规划与交通研究中心的科研团队，同欧亚五个国家的大学和科研机构进行合作，共同开展欧盟第七框架项目PUMAH的研究工作，这些机构包括英国纽卡斯尔大学、荷兰格罗宁根大学、意大利米兰理工大学、土耳其中东科技大学、雅典科学院。本项目历时四年，对历史城区的人居环境及其规划管理进行了大量研究。其中，北京市历史城区的绿色宜居发展研究是本项目的重要科研任务之一。

本书是这一项目中北京市历史城区研究成果的归纳和总结。本书对北京前门片区大栅栏地区这一典型案例进行了详细的考察与分析，并对历史城区的历史演变及其绿色宜居发展进行了深入研究。

本书的理论研究与案例分析涉及的时间跨度较长，其间国内区划和政府机构经历了改革重组，名称也相应发生变化，如北京的宣武区、崇文区分别并入西城区和东城区，国家建设部改为住房和城乡建设部等。针对这种情况，本书在引用和分析各种官方文件、文献和数据资料时，会根据情况采用当时的行政区划和部门、机构的称谓，在此特予说明。

本研究还受到北京建筑大学未来城市设计高精尖创新中心资助项目（udc2018010921）、英国研究理事会全球挑战基金［the Research Councils United Kingdom（RCUK）Global Challenges Research Fund（GCRF）］支持的PEAK Urban项目（PEAK Urban Program of Research entitled, building capacity for the future city in developing countries, R48843）之课题“未来城市：行为—交通流—城市社会的复杂交互作用”（Future City：the complex interactions between behavior, transport flows and urban society）的资助和支持。

北京大学城市与环境学院城市与区域规划系博士研究生和硕士研究生屠李、冯筱、马博闻、李铠、石剑桥、马苏芮、万海荣、王悦、文萍、于昭、贾雨田、刁晶晶、李圣晓、李南慧等为本书的出版做了大量工作。

感谢 PUMAH 项目英国方负责单位纽卡斯尔大学建筑规划与景观学院的资助和支持。感谢北京大学城市与环境学院城市与区域规划系吕斌教授的指导。感谢原北京市规划和自然资源管理委员会任晋峰博士在调研过程中给予的帮助。

感谢北京市规划和自然资源委员会、北京市规划和自然资源委员会西城分局、北京市规划和自然资源委员会东城分局、北京市西城区人民政府大栅栏街道办事处、北京大栅栏投资有限责任公司等单位对本研究的支持和帮助。感谢贾雨田、罗佳、万婕、袁丹丹几位同学对本书稿排版工作的帮助。

目 录

第 1 章

绿色宜居城市理论

1.1 宜居城市的发展理论

1.1.1 宜居城市的内涵和特征

1.1.1.1 宜居城市概念和内涵

宜居城市起源于西方人居环境发展理念，英文为“livable city”，即“适宜居住的城市”，简称为“宜居城市”。虽然宜居城市的说法早已被广泛应用，但是对其内涵与特征至今还未形成统一的认知，不同时期的不同学者的解释和认识存在差异。

20 世纪中叶以来，第二次世界大战后的和平发展推动西方各国城市进入快速城镇化发展时期，这一时期除了城市的基本经济发展和物质建设，人居环境的高品质发展也受到广泛关注。1976 年，联合国在加拿大温哥华召开首次人类住区会议（United Nations Conference on Human Settlements）；1978 年在肯尼亚内罗毕成立了“联合国人居中心”①（United Nations Centre for Human Settlements, UNCHS），被认为是具有里程碑意义的事件，正式标志着国际上开始广泛的关于人居环境研究与建设的促进工作。1992 年，在巴西里约热内卢召开的联合国环境与发展大会上通过的《21 世纪议程》（Agenda 21），得到了全球绝大多数国家的响应，各国纷纷出台了符合自己国情的“21 世纪议程”，例如《中国 21 世纪议程》等，多把人居环境建设列为重要内容。1996 年，联合国在土耳其伊斯

---

① 后在 2002 年 1 月 1 日被新成立的联合国人类住区规划署（United Nations Human Settlements Programme）取代。

坦布尔召开第二次人类住区会议，对人居环境问题表现出更多关注。

20世纪90年代，学术界也开始对宜居城市的内涵与特征展开系统研究（见图1-1）。例如，哈尔韦格强调了宜居城市的交通便捷性和服务设施的可达性，居民享有健康的生活，能够通过步行、自行车、公共交通或自驾车等多样的出行方式，方便地到达出行目的地并享受城市的公共空间、设施和服务，因而宜居城市是一个全民共享的生活空间（Hahlweg，1997）。伦纳德提出宜居城市的九个原则，从个体、群体、城市目标和城市功能等角度充分考虑了宜居城市的发展内涵，强调了公众交流平台和沟通机制的重要性，突破了传统的物质性宜居的概念（Lennard，1997）。萨尔扎诺从可持续发展的角度拓宽了宜居的概念，认为宜居城市连接了过去和未来，应该保留城市的发展脉络和元素，尊重城市的历史和城市的未来（Salzano，1997）。埃文斯则提出城市的“宜居性”概念有两个重要方面：一是适宜居住性，二是生态可持续性（Evans，2002）。适宜居住意味着居民的工作地足够接近住房，工资水平与房租相称，能够接近提供健康生活环境的设施。适宜居住也要求对工作和住房质量的追求不能以降低城市环境质量为代价，市民不能用绿色空间和新鲜的空气去交换薪水，同时城市发展应该与环境相互和谐，具有可适应性和弹性。帕莱杰提出宜居城市是人与环境和谐共生的城市，休戚与共的人与环境共同构成城市系统，在这里人与人、人与环境能够进行良好的互动，随着时间的推移，这个由人与人、人与环境互动构成的系统得以动态更新（Palej，2000）。

综上所述，人们对宜居城市的理解主要从生活宜人性、可持续性、弹性三方面展开。城市的生活宜人性关注居民日常生活中“衣、食、住、行”的可得、便利与舒适，同时从城市管理上也需要以人为本，重视居民参与城市发展的决策能力。城市的可持续性关注城市经济、社会和生态环境的可持续发展潜力，强调绿色、低碳发展。城市面对危机和困难的弹性也是宜居城市发展的重要内容，表现为城市在面对灾害和紧急事件时的应对能力和恢复能力（张文忠，2007a）。

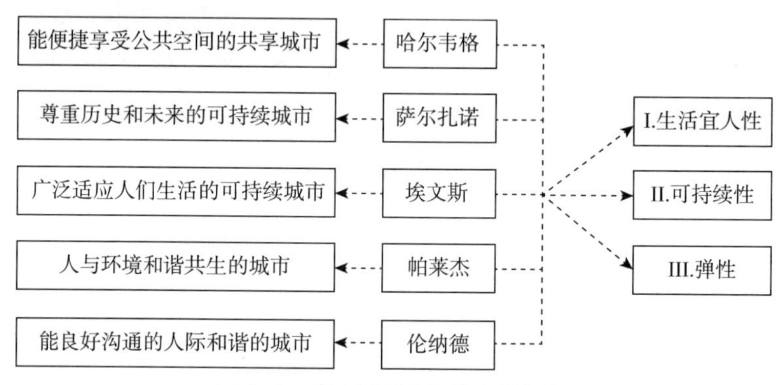

图 1-1 “宜居城市”的内涵框架

资料来源：作者根据文献资料整理绘制。

我国学者对宜居城市也做了大量研究，主要侧重于城市经济发展、就业岗位的供给和人居环境的提升等方面。例如，叶文虎（2000）强调“宜居城市”要有充分的就业机会和舒适的居住环境，要以人为本并可持续发展。李丽萍等（2006）认为，宜居城市应是经济持续繁荣、社会和谐有序、文化包容多样、生活方便快捷、环境美丽怡人、公共秩序井然且适宜人们居住、就业、生活的城市。张文忠（2007b）则认为，宜居城市是指有利于人们安居乐业的城市，既拥有优美、整洁、和谐的绿色自然环境，也包含安全、便利、舒适的社会人居环境。叶丽梅（2007）特别强调建设宜居城市需要协调兼顾不同群体的利益和需求，要通过投资建设和调整资源配置，满足不同群体的需求，使得城市能够适宜不同群体居住，使城市更加和谐。因此，我国学者对宜居城市概念的认识可以归纳为：适宜居住和生活的自然、人文、社会、生态环境观，可持续发展保障观，公平和谐观和综合观等。

1.1.1.2 宜居城市的特征

综合国内外研究，可以得知宜居城市具有以下五个基本特征。

a. 生活宜人性

宜居城市首先应该保障居民基本的生存条件和日常生活所需，例如食物、清洁的大气和水环境、健康的居所、就业、便利出行等（高峰，2006）。在建设中，宜居城市应满足住房可购（housing affordability）、就业充足、公共服务设施可达（public service facilities accessibility）、环境美好等要求。

b. 经济高效性

从经济视角来看，宜居城市首先其居民具有较高收入水平并拥有一定的财富。其次是具有强劲的经济实力和产业基础作为支撑，为其提供源源不断的发展动力和就业岗位，以满足人们日益增长的生活需求和城市基础设施建设与发展的需求，为居民提供更好的生活服务。最后是在尽可能减少投入的同时高效率产出，不以牺牲生态环境质量为代价来片面追求经济发展，实现城市的精明增长。

c. 文化多样性

宜居城市的文化是多元的。宜居城市不仅要发展现代文明，还要继承和弘扬历史文化，注重历史城区和遗迹的保护，保留城市的历史文化脉络，尊重本土文化和地方文化。同时，也要尊重与包容外来文化，满足不同人群的文化需求，促进人们的相互交流与融合。

d. 社会和谐性

宜居城市的社会是和谐的。宜居城市注重从经济收入公平到空间公平、环境公平、公共服务设施的均等性等各个方面促进社会公平发展；关注低收入者、老年人、儿童、残疾人等群体的生活需求；提倡包容性发展和对外来人口的认可与接收；强调制度公平，以及民主、公共参与和资源分配过程中的制度保障等，通过建立完善的社会公众交流平台和沟通机制以及居民群体和城市管理与决策部门之间良好的沟通与协作机制，来实现城市的社会和谐。

e. 资源环境持续性

宜居城市的资源利用和环境发展是可持续的。宜居城市注重绿色低碳发展，强调能源和资源的节约与集约利用，减少各类废弃物的产生，发展循环型经济。同时，注重生态环境的保护，尊重自然、保护自然，提倡自然导向技术（nature-based solutions），关注人地关系的平衡发展以及人与自然的和谐共存。

1.1.2 国外宜居城市思想的发展历程

1.1.2.1 从古希腊《理想国》到文艺复兴时期的“理想城”

西方宜居城市的思想理念最早可以追溯到古希腊时期。人本主义思想和公正平等的政治理念是古希腊思想体系的核心，古希腊人在此基础上形成了对城市的定义：城市是一个为人类自身美好生活而保持较小规模的社区，社区的规模和范围应当使其中的居民既有节制而又能自由自在地享受轻松的生活。古希腊所实行的城邦制则更是对平等自由的政治、生活理念的践行。古希腊语中的“城邦”意为“以一个单独的城镇为中心的国家，有独立自主和小国寡民的特点”。从字面意义来看，城邦有两个特征：一是面积适中、功能健全，像一个自给自足的小王国；二是具有独立的制度和文明，居民可以通过已建立的制度来维护整个城邦的肌体（沈玉麟，1989）。这都反映了古希腊人对城市理想状态和美好生活的认知与追求。

古希腊的许多思想家如苏格拉底（Socrates）、柏拉图（Plato）、亚里士多德（Aristotle）等，为了实现人人平等、幸福自由的城市理想生活，不断地探求并构筑古希腊人心目中的理想国家（城邦）形态。苏格拉底认为，就人生幸福而言，没有什么比城邦和城市生活的自然发展更好的了。柏拉图在《理想国》（*The Republic*）中描述了一个理想城市的状态，但其更侧重城市整体的完整性及其与个体的均衡性，提出为了城邦，个体是可以被牺牲的。亚里士多德提倡城市中的财产应私有公用，公民应轮流执政并实行法治，且城邦规模要适中（张京祥，2005）。上述这些思想家对理想国家（城市）的描述反映了古希腊人对城市美好生活的向往与追求，虽然更多的是侧重于政治体制和思想意识形态方面的平等自由，但也描绘和构筑了居民理想的城市生活状态和相应的城市面貌，被认为是西方文明对适宜人生活的城市——宜居城市最早的探索。

中世纪的城市建设思想则带有浓厚的宗教色彩，“规划师”倾向于按照生活的实际需要来反映当时基督教生活的有序化和自组织性。文艺复兴时期，在“追求人文主义精神，回归古希腊”的口号下，众多城市规划者和思想家开始追求和构建理想王国的城市图景，出现了各种各样“理想城市”的设计模型，但都停留在平面尺度上追求几何形式的“理想”，反而脱离了古希腊人追求的美好城市生活和宜居精神。1464 年，菲拉雷特（Filarete）在《理想的城市》（*Ideal City*）一书中提出一个理想城市方案的几何图形，成为文艺复兴时期欧洲国家许多城堡的设计基础。斯卡莫奇（Vincenzo Scamozzi）按菲拉雷特的设想，制定了威尼斯王国帕尔马诺瓦（Palmanova）城的规划，这座城市于 1593 年建成。此城是边境设防城市，中心为六角形广场，放射形道路用三条环路连接，城市中心点设棱堡状构筑物（见图 1-2）。在这些文艺复兴时期“理想城市”的模型中，人们更多的是强调美观和有利于军事防守，其次考虑的是生活便利。从城市居民的角度看，这种规划理念对城市宜居性的关注程度远不如古希腊。

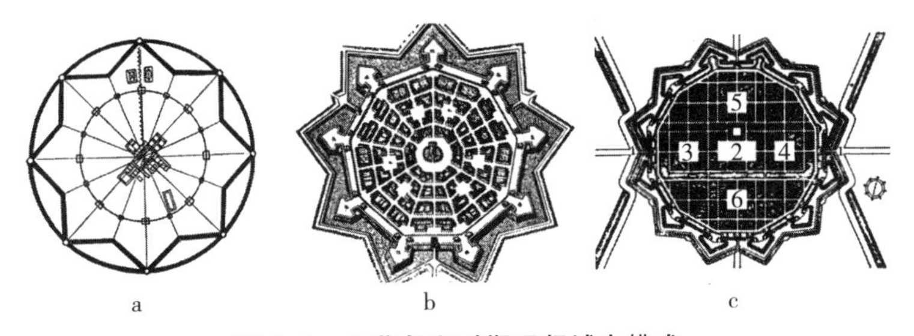

a　　b　　c

图 1-2　文艺复兴时期理想城市模式

（a　菲拉雷特理想城市方案　b　威尼斯的帕尔马诺瓦城　c　斯卡莫奇理想城市方案）

资料来源：张京祥：《西方城市规划思想史纲》，南京：东南大学出版社 2005 年版，第 53 页。

1.1.2.2 从乌托邦主义到霍华德的“田园城市”

在经济思想史上，空想社会主义（又被称作乌托邦主义）经济思想是作为资产阶级政治经济学的对立物出现的，早期空想社会主义者是资本主义生产方式最初的批判家。16 世纪到 19 世纪期间，空想社会主义开始以“乌托邦”（Utopia）思想为基础构筑理想的人类社会制度，涌现了莫尔（St. Thomas More）的“乌托邦”社会，摩莱里（Morelly）的《自然法典》，傅立叶（Charles Fourier）的“和谐社会”，欧文（Robert Owen）的“新和谐公社”，以及魏特林（Wilhelm Christian Weitling）的和谐、自由与共有共享制度等（见图 1-3）。空想社会主义思想批判资本主义的剥削性，强调对理想自由生活的渴望、对市民权利诉求的关注。因此，这一思想下产生的人类最美好的城市生活方式和城市空间构成有着强烈的平均主义和理想主义的“乌托邦”特征。

图 1-3 欧文的“新和谐公社”模式

资料来源：张京祥：《西方城市规划思想史纲》，南京：东南大学出版社 2005 年版，第 88 页。

1898 年，霍华德（Ebenezer Howard）出版了《明日的田园城市》(*Garden Cities of To-morrow*) 一书，正式拉开了提升城市生活品质、回归居民生活幸福体验的帷幕，奠定了现代城乡结合的理想宜居城市理念——“田园城市”的基础（见图 1-4）。1919 年，田园城市协会（Garden Cities Association）与霍华德给田园城市下了一个简短的定义：田园城市是为安排健康的生活和工业而设计的城镇；其规模要有可能满足各种社会生活需求，但不能太大；被乡村包围；全部土地归公众所有或者托人为社区代管。田园城市被认为是现代宜居城市思想体系形成的基础，是近现代人们对城市宜居性的第一次全面思考和探索。

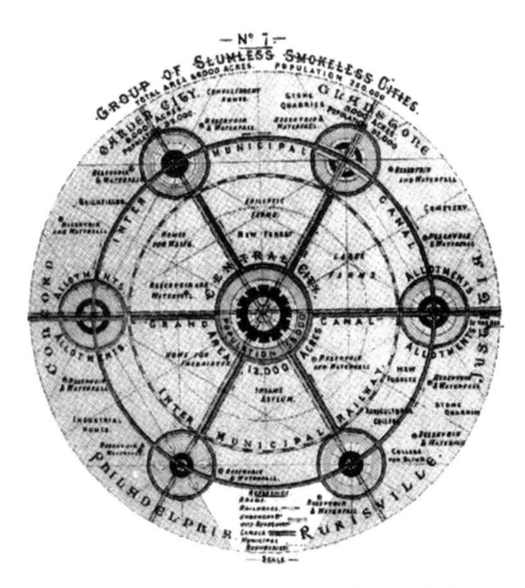

图 1-4　霍华德“田园城市”理想模式

Ebenezer Howard, *Garden Cities of To-morrow*, Cambridge, MIT Press, 1965, p. 52。

1.1.2.3　从《雅典宪章》到《马丘比丘宪章》

国际现代建筑协会（Congrès International d’Architecture Modern, CIAM）1933 年在雅典拟定的《雅典宪章》(Charter of Athens) 被

认为是现代城市规划的第一个全面纲领，明确地提出城市的四大活动，即居住、工作、游憩和交通，并基于这四大活动提出了城市明确的功能分区，不同功能区之间应使用绿化带、交通道路等进行隔离。其中，居住是城市的第一活动，住宅区应该规划成安全、舒适、方便、宁静的邻里单元，并与其他功能区隔离。这一功能分区理念成为 20 世纪世界各国城市规划建设的基本思想，并在第二次世界大战后的大规模城市建设中得到广泛实践。然而在 1977 年，CIAM 在秘鲁的马丘比丘召开会议，拟定了《马丘比丘宪章》(Charter of Machu Picchu)，其强调世界是复杂的，人类的一切活动都不是功能主义、理性主义所能覆盖的，因此不能为了追求清晰的功能分区而牺牲城市的有机构成和活力。《马丘比丘宪章》提出了以居民生活适宜为导向的城市规划纲领：重要的目标是争取生活基本质量以及自然生态环境的协调，在社会人际交往中，宽容和谅解的精神是城市生活的首要因素；在建筑领域中，用户的参与更为重要且更为具体，人们必须参与设计的全过程，要使用户融入建筑师工作整体。

从《雅典宪章》到《马丘比丘宪章》，被认为是城市规划由功能和效率至上的观念向“以人为本”的宜居观念的巨大转变，同时进一步强调以居民生活为核心的城市规划思想导向。

1.1.3 中国传统宜居城市思想

中国古代人本思想发源于春秋时期并延续至今，它的核心理念为“天人合一”。这一思想最早由庄子阐述，后被汉代思想家、阴阳家董仲舒发展为天人合一的哲学思想体系，在此基础上逐步发展形成了中华传统文化的主体。

“风水”是我国古代劳动人民为选择理想生活环境而形成的一门学问，其核心思想是人与大自然的和谐。长期以来，这一思想深刻影响了我国城市选址建设、空间布局的基本原则（汪德华，1994）。

我国的许多城市对山、水、城的安排非常巧妙，这离不开对“天人合一”的自然与人和谐相处的构造理念和以此为思想内核的风水理念与手法的运用，如北京、西安、杭州、济南、南京、苏州、特克斯等都是基于“风水”思想营造的杰出代表性城市。城市乃“阴阳之枢纽，人伦之轨模”，与山水自然有着共生共存的密切关系。风水理论强调因地制宜、尊重自然的基本观念，将崇尚自然的山水文化同城市环境融为一体，指导了中国传统山水城市的规划和建设（亓萌等，2005）。无论是我国传统的人本主义思想还是风水思想，都是在尊重自然环境的基础上强调人与自然、人与人之间和谐共存的宜居之道。这表明，强调以人为核心的宜居思想在我国传统文化中早已存在，并在我国数千年来的城市建设和城市生活营造中有广泛的实践（见图1-5）。

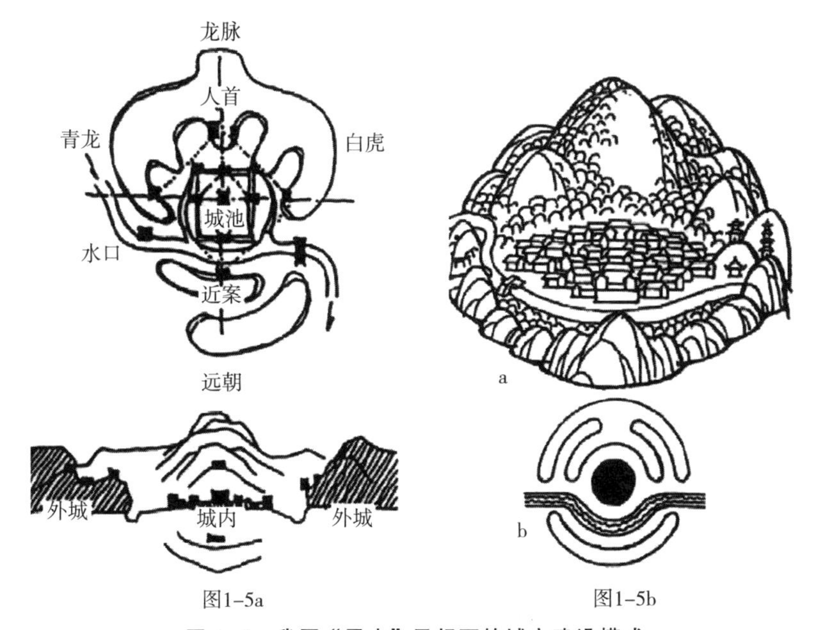

图1-5　我国“风水”思想下的城市建设模式

（图 **1-5a**　均衡祥和的风水模式　　图 **1-5b**　风水的心理空间模式）

资料来源：参见亓萌、牛原、陈伟莹：《风水、山水与城市》，《华中建筑》2005年第2期。

1.2 绿色低碳城市社区理论

1.2.1 绿色低碳城市社区内涵与特征

1.2.1.1 绿色低碳城市发展背景

城市容纳了世界一半以上的人口，而城市社会经济活动带来了世界大约75%的能源消耗和80%的碳排放。在全球变暖的大背景下，世界气候状况日益恶化，极端天气频发，早已威胁到人类生存。联合国政府间气候变化专门委员会（Intergovernmental Panel on Climate Change，IPCC）分别在1990年、1995年、2001年、2007年和2014年发布了对全球气候状况的五次评估报告[①]，向人类警示了全球变暖的危险，这也成为国际关于气候变化一系列谈判的基础。IPCC的报告推动了1992年《联合国气候变化框架公约》（United Nations Framework Convention on Climate Change）以及1997年《京都议定书》（Kyoto Protocol）的通过。联合国政府间气候变化专门委员会在第三次全球气候状况的评估报告（Third Assessment Report）中指出，过去50年来全球变暖的主要诱因是过度排放二氧化碳和一氧化二氮等温室气体。2001年和2007年的报告指出，全球变暖已成为事实，而这极大可能是由人类活动导致的。因此，如何降低碳排放、实现绿色可持续发展已成为全球各个国家关注的焦点，低碳概念愈加得到重视和关注，在世界经济论坛（World Economic Forum）、联合国大会（General Assembly of the United Nations）、亚太经合组织（APEC）会议上，气候变化和低碳发展一直是各国关注的焦点问题。

英国政府在2003年率先提出发展低碳经济的概念，并发表了

---

① IPCC第一次至第五次综合评估报告（Assessment Report 1-5）及其系列报告，参见https：//www. ipcc. ch/reports/，2019年6月22日访问。

题为《我们能源的未来：创建一个低碳经济体》（*Our Energy Future: Creating a Low Carbon Economy*）白皮书。自英国提出低碳经济以来，向低碳经济转型已逐渐成为世界各国的发展趋势。日本政府与学界自 2004 年开始对低碳社会模式与途径进行研究，并于 2007 年公布了《日本低碳社会模式及其可行性研究》，以日本到 2050 年二氧化碳排放比 1990 年水平降低 70% 为目标，提出了可供选择的低碳社会模式。世界主要发达国家先后将低碳经济的理念引入城市规划建设和社区发展中，将低碳城市发展作为应对气候变化影响的重要策略（具体见表 1-1）。

表 1-1　纳入低碳城市议题的会议成果

时间	会议/成果	内容
1992 年	《联合国气候变化框架公约》	世界上第一个关于控制温室气体排放、遏制全球变暖的国际公约
1997 年	《京都议定书》	2005 年生效，要求发达国家在 2008 年至 2012 年间的温室气体排放在 1990 年的基础上减少 5.2%
2003 年	《我们能源的未来：创建一个低碳经济体》	提出要用低碳能源、低二氧化碳的低碳经济发展模式，代替当前的以化石能源为基础的高碳模式
2007 年	《日本低碳社会模式及其可行性研究》	提出了日本为实现到 2050 年二氧化碳排放在 1990 年水平的基础上降低 70% 的目标而可能选择的低碳社会模式
2007 年	巴厘岛路线图（Bali Roadmap）	通过了减缓气候变化、发展低碳城市的四项决议：减缓、适应气候变化、发达国家的技术转让及资金支持

（续表）

时间	会议/成果	内容
2008 年	波兹南联合国气候变化大会（the United Nations Climate Change Conference in Poznan, Poland)	联合国提出把建设低碳城市作为应对金融危机和气候变化双重挑战的重要途径
2009 年	联合国气候变化峰会（United Nations Climate Change Conference）	同意尽力用好财政刺激方案中的资金，使经济朝着有复原能力的、可持续的、绿色复苏的目标迈进。将推动向清洁、创新、资源有效和低碳技术与基础设施相结合的方向转型
2009 年	《哥本哈根协议》（Copenhagen Accord）	维护了“共同但有区别的责任”的原则，发达国家强制减排，发展中国家自主减缓

随着气候变化对自然、经济、社会产生的影响逐渐受到世界各国的重视，低碳发展成为世界各国发展转型的新趋势。而城市结构和城市活动与能源消耗密切相关。其中，城市机动化以及居民对小汽车的依赖程度增加，城市经济活动的扩张使得工作和出行时间增加，导致人们在活动中更加关注便捷、舒适和经济而不是低碳，城市热岛效应增加了降温和保暖的能耗需求，这些城市活动都导致了温室气体排放的增加。城市功能区的扩展导致了交通需求的增加，城市建成区内的交通拥堵也增加了能源消耗和碳排放。此外，绿地和森林的减少、城市建成区密度增大以及空气和水环境污染等问题，加之人们对于空调等高耗能设备的依赖增加，都造成了能源消耗的增加。因此，建设更加紧凑的城市，减少由城市空间结构不合理造成的能源负担的必要性不断被强调。通过调整城市结构来降低能源消耗和温室气体排放将成为未来工作的重点，建设低碳城市的目标就是在这样的背景下被提出来的。

1.2.1.2 绿色低碳社区理念

“低碳社区”作为向上承接“低碳城市”发展策略、向下集合“低碳交通”“低碳建筑”等低碳技术的发展理念与实施手段，是实现城市低碳发展目标的核心和低碳规划思想落实的关键层次（袁凌，2012）。我国“低碳社区”规划建设尚处于起步阶段，在“低碳社区”规划的物质性技术手段、软性制度上都落后于欧美等国家和地区较为成熟的“低碳社区”体系。

目前，受到广泛认可的低碳社区定义来自世界气象组织（World Meteorological Organization，WMO）：低碳社区是通过实施低碳策略和技术来帮助城市发展，减少世界温室气体排放，促进低碳经济繁荣发展的发展理念。

“低碳社区”的理念融合了社会经济发展的各方面，涵盖了社区生活中的多个领域，如交通建设与管理、公共空间营建、污染治理、新能源和新技术使用、低碳管理政策等方面。其中最受关注的是，如何在不阻碍社会经济发展和居民生活质量提高的同时减少社区的能源消耗和碳排放。

综上所述，绿色低碳社区的内涵包含两个方面：一方面是指通过技术手段和规划设计改善建筑能源消耗方式和社区结构，降低能源消耗和碳排放，从而形成低碳的生活方式；另一方面是指低碳意识，即居民的出行方式、生活方式能够实现低碳出行、低碳生活，从而建立低碳城市。

低碳建设包括人的发展、社会进步、经济可持续、自然资源合理利用等多方面的内容。世界自然基金会（World Wide Fund for Nature，WWF）提出的建设低碳社区的模型，是一个多方面的综合框架，包括社区内的碳排放分析、潜在低碳方向分析，以及低碳建筑、交通、工业、经济和生活方式。此外，低碳社区的内容还包括：在城镇化进程中以低排放、高能效为标准来进行城市社区的规划设计与建设；通过产业结构调整和发展模式转变，降低单位产出能耗，平衡经济增长，增加就业机会；制定生态城市建设规划，通过政策激励和融资支持推动降低能耗，推广能有效节能减排的低碳技术等。

1.2.2 绿色低碳社区建设策略与技术

1.2.2.1 绿色低碳社区建设策略

绿色低碳社区建设策略是指导低碳技术应用的重要原则。根据对世界一些主要城市的绿色低碳建设实践的归纳总结，低碳社区建设可以从交通、能源/材料、绿化、废物循环利用和生活方式等方面推进（ARUP，2010），具体内容见表 1-2。

表 1-2 绿色低碳社区建设策略

视角	低碳措施	具体做法
交通/城市结构	发展紧凑型城市	城市设施重新布局
	道路建设，提高道路平均时速	提升道路平滑度、交叉路口分级、减少铁路平交等障碍、推广智能交通系统
	调整交通需求	鼓励拼车、停车管理、换乘中心建设 通过税收、停车费、油价控制机动车保有量 推广新能源汽车使用
	建设公共交通	社区公交、改进公交路线、改善乘车站点环境
	促进公共交通使用	减少公交等车间隔，公交优先 提升公交服务水平和舒适度 连续、方便的换乘系统建设 以公共交通为导向的开发模式（TOD） 城市快速公交系统（BRT）建设

（续表）

视角	低碳措施	具体做法
	慢行交通系统建设	建设安全、连续的自行车道及人行道 控制街区尺度，鼓励步行和自行车出行 增加路灯、行道树、长椅等基础设施 提高主要交叉路口的安全性
	公共空间建设	改变活动在空间的分布
	高能效的货运交通	提高货运工具的能源使用效率，减少空载率，杜绝超载
	多动力交通工具	发展电力汽车、天然气汽车等清洁能源汽车
能源/材料	减少能源负荷	改造老旧建筑、区域能源管理系统AEMS、绿色节能技术开发
	提升能源使用效率	区域集中供能、增加土地混合利用、提高工业用能效率
	开发利用清洁能源和新能源	沼气能、污水中可利用的能源、潮汐能、工业余热
	使用可再生能源	太阳能、热能、地热、生物质能、风能
	减少能源损耗	节能窗、隔热墙
	鼓励研发循环利用	鼓励研发能源的收集、循环和再利用系统
	减少不必要的能源使用	室外与街道采用LED照明
	使用当地材料	使用当地材料，减少材料运送过程中产生的能耗
	材料回收利用	鼓励可循环材料的使用，提高材料回收利用率

（续表）

视角	低碳措施	具体做法
绿化	城市规划	绿化带、空地绿化、提高土地利用效率
	开发公园等公共空间	植树、社会环境评估系统
	绿化管理	绿化空间责任制
	绿色税收系统	绿化税、绿化补贴、企业赞助
	增加绿化率	尤其是停车场、人行道、建筑主要出入口、窗户附近的绿化
	针对热岛效应的对策	区域调控、环境基础设施规划、特殊绿地保护、城市风道、建筑绿化、绿化率控制、绿荫控制
废弃物	污水处理	开发水净化技术 污水净化后循环利用，可用于湿地建设 污水分散处理，将城郊地区的污水纳入处理范围 淤泥加工、再利用
	废气处理	工业余热利用、提高化石燃料的燃烧效率
	固体废弃物循环利用	综合利用教育、管理和控制手段促进固体废弃物最小化、分类处理、堆肥和循环利用 改进传统的焚烧处理方法 提高垃圾填埋场设计和管理水平，收集释放的甲烷用于发电
生活方式	绿色生活方式	鼓励生活中使用清洁能源、电器不使用时保持关闭状态
	鼓励购买本地食材	减少运输能耗和运输过程造成的损耗
	鼓励健康的生活	身体健康和心理健康，规律作息

资料来源：作者根据调研结果整理绘制。

1.2.2.2 绿色低碳社区建设技术

低碳社区建设技术是指将低碳社区的策略知识运用于实践的方法，包含了一系列环境友好的实践方案（见表 1-3）。低碳技术的应用，可以使能源利用更加高效，还可以促进多种清洁能源的运用。低碳技术被认为是实现建成环境可持续发展的重要手段。

表 1-3 低碳社区建设技术

<table>
<tr><th>维度</th><th>技术</th><th>具体措施</th></tr>
<tr><td rowspan="6">能源</td><td rowspan="3">减少能量损耗</td><td>聚苯乙烯绝缘墙、节能保温窗、双层窗、绝缘地板</td></tr>
<tr><td>综合采用自然采光和电器照明</td></tr>
<tr><td>自然通风设备</td></tr>
<tr><td rowspan="3">新能源开发利用</td><td>生物燃料发电</td></tr>
<tr><td>太阳能收集系统</td></tr>
<tr><td>地源热泵技术</td></tr>
<tr><td>材料</td><td>环境友好材料</td><td>环境友好、辐射小的暖通空调材料</td></tr>
<tr><td rowspan="3">绿化</td><td>自然绿地</td><td>城市湿地保护、森林等原生绿地保护</td></tr>
<tr><td rowspan="2">绿化设计</td><td>绿化景观设计</td></tr>
<tr><td>绿色屋顶</td></tr>
<tr><td rowspan="3">循环利用</td><td>垃圾循环</td><td>垃圾分类和回收处理技术</td></tr>
<tr><td rowspan="2">水资源循环利用</td><td>微生物废水处理</td></tr>
<tr><td>灰水系统，水资源回收再利用</td></tr>
<tr><td rowspan="6">低碳管理</td><td rowspan="3">管理技术</td><td>绿色设施管理系统</td></tr>
<tr><td>语音感知技术</td></tr>
<tr><td>智能家居技术</td></tr>
<tr><td rowspan="3">检测技术</td><td>生态数据采集技术</td></tr>
<tr><td>绿色技术检测和维护系统</td></tr>
<tr><td>动态碳排放检测和评价系统</td></tr>
</table>

资料来源：作者根据调研结果整理绘制。

本章参考文献

[1] ARUP（奥雅纳工程）:《北京长辛店低碳社区概念规划》,《城市建筑》2010年第2期。

[2] 高峰:《宜居城市理论与实践研究》，兰州大学硕士学位论文，2006年。

[3] 李丽萍、郭宝华:《关于宜居城市的理论探讨》,《城市发展研究》2006年第2期。

[4] 亓萌、牛原、陈伟莹:《风水、山水与城市》,《华中建筑》2005年第2期。

[5] 沈玉麟:《外国城市建设史》，北京：中国建筑工业出版社1989年版。

[6] 汪德华:《古代风水学与城市规划》,《城市规划汇刊》1994年第1期。

[7] 叶立梅:《和谐社会视野中的宜居城市建设》,《北京规划建设》2007年第1期。

[8] 叶文虎:《环境管理学》，北京：高等教育出版社2000年版。

[9]〔英〕埃比尼泽·霍华德:《明日的田园城市》，金经元译，北京：商务印书馆2010年版。

[10] 袁凌:《生态控规指标在建筑设计阶段的落实与探讨——以北京长辛店生态城B53居住地块为例》,《动感（生态城市与绿色建筑）》2012年第4期。

[11] 张京祥:《西方城市规划思想史纲》，南京：东南大学出版社2005年版。

[12] 张文忠:《城市内部居住环境评价的指标体系和方法》,《地理科学》2007年第1期（a）。

[13] 张文忠:《宜居城市的内涵及评价指标体系探讨》,《城市规划学刊》2007年第3期（b）。

[14] Evans, P., *Livable Cities?: Urban Struggles for Livelihood and Sustainability*, Berkeley: University of California Press, 2002.

[15] Hahlweg, D., "The City as a Family," International Making Cities Livable Conference, Charleston, SC, USA, 1997.

[16] Lennard, H. L., "Principles for the Livable City," International Making Cities Livable Conference, Charleston, SC, USA, 1997.

[17] Palej, A., "Architecture for, by and with Children: A Way to Teach Livable City," International Making Cities Livable Conference, Vienna, Austria, 2000.

[18] Salzano, E., "Seven Aims for the Livable City," International Making Cities Livable Conference, Charleston, SC, USA, 1997.

第2章

历史城区演变与发展理论

2.1 空间演变中的生命周期理论

2.1.1 城市生命周期理论

芒福德（Lewis Mumford）在其著作《城市文化》（*The Culture of Cities*）中提出，城市发展有着鲜明的周期性和阶段性（Mumford，2009）。詹姆斯·特拉菲尔（James Trefil）把城市比作一个森林般的生态系统（Trefil，1994）。苏亚雷斯-维拉（Suarez-Villa）、福雷斯特（Forrester）运用城市系统动力学对城市形态研究时提出城市生命周期理论。他们认为，城市犹如有机体一样，有其出生、发育、发展、衰落的过程（Suarez-Villa，1985；Forrester，1986）。而城市社区也是城市的组成部分，其发展演变也有勃兴、发展、停滞、衰落、复兴的周期性过程，广义的社区规划应当贯穿社区生命周期的全过程（于文波，2014）。

城市的发展演变是由城市基本职能的演变决定的，工业是城市发展的主导因素，这一点在资源型城市上表现得尤其显著（钱勇，2012）。苏亚雷斯-维拉梳理了城市不同发展阶段中经济和产业方面的22个要素的变化（见表2-1），而这些要素的变化在城市发展中是非同步的或不平衡的（段汉明等，2000）。

面对城市老旧城区的衰败，城市管理者和城市规划者也不能视而不见，而是需要不断改造物质环境和提升社会文化，使城市向着健康、积极的方向持续发展（见图2-1）。城市旧城社区的更新改造作为一个充满挑战性的话题，其中包含了多方面的矛盾和多主体的利益冲突。城市老旧城区的拆除、改造或重建，本就是

表 2-1 城市生命周期

	阶段 I	阶段 II	阶段 III	阶段 IV	阶段 V	阶段 VI
A. 城市经济						
1. 人口趋势	以递增率快速增长	高增长率、以递减增长率增长	中等增长率、以递减增长率增长	缓慢或中等增长、速度递减	缓慢增长、速度递减	稳定或下降
2. 人口迁移	高迁入率	高迁入率	迁入为主、以递减速率增长	迁入递减	迁入不明显	可能迁出
3. 劳动力市场	服务导向、低工资	主要为服务导向、低工资	低工资、低技术、制造业和服务业	工业：高工资 更好的技能：可能分化	工业：高工资 更好的技能：分化	工业和主导服务业：高工资 更好的技能：分化
4. 部分就业						
（1）制造业所占比例	停滞/低增长	增长	增长/缓慢地减少	缓慢减少	减少	增长/缓慢地减少
（2）服务业所占比例	缓慢减少	减少	停滞/增长	增加	快速到中速增加	停滞/增长
5. 城市间工业区位	主要是中心化	中心化	缓慢地分散	分散化	分散化/工业向郊区和外围扩散/工业组群形成	分散化/工业布局到附近的非都市化地区
B. 城市工业						
1. 总体特征						
（1）总就业水平	缓慢增长	快速增长	增长	缓慢增长	非常缓慢增长	停滞/下降

（续表）

	阶段 I	阶段 II	阶段 III	阶段 IV	阶段 V	阶段 VI
（2）规模经济	不明显	缓慢至中速增长	缓慢至中速增长	比较明显/中速增加	明显/快速增加	非常明显/合理性扩大
（3）投入因素强度	劳动密集型	劳动密集型	相关的劳动密集型（以自然资源开发为主的资本密集型）	比较平衡	较大的资本和技术密集型	主导工业是高资本、高技术密集型
（4）专业化/多元化	专业化、地方性消费市场	专业化、出口导向（比较利益）	非常专业化、出口导向（比较利益）	多元化	相对更多元化	更多元化（地方性/出口导向/自然资源导向）
2. 企业特征						
（1）所有制	主要是地方性的	地方性/区域性	区域性/全国性	区域性/全国性	区域性/全国性/国外性	地方性/区域性/全国性/国际性
（2）编制类型	地方企业	分工厂/承约人	分工厂/承约人/地方企业迅速增长	主要工厂/分工厂/辅助工厂	主要工厂/分工厂	主要工厂/分工厂
（3）组织形式	单一产品/单一功能	单一产品/单一功能	单一产品/多功能	单一产品/多功能	多产品/多功能	多产品/多功能
（4）产品导向	非多元化消费	多元化与非多元化消费混合	消费非耐久性产品	消费非耐久性/工业非耐久性	工业耐久性、非耐久性/消费非耐久性	工业耐久性、非耐久性/消费耐久性、非耐久性

（续表）

	阶段Ⅰ	阶段Ⅱ	阶段Ⅲ	阶段Ⅳ	阶段Ⅴ	阶段Ⅵ
3. 空间因素						
（1）区位导向	市场导向	自然资源导向/市场导向	市场导向/自然资源导向	市场导向/互补性/自然资源导向	市场导向/互补性	市场导向/互补性
（2）市场区域	地方性区域	地方性/区域性	区域性/全国性	区域性/全国性/国际性	全国性/国际性/区域性	全国性/国际性/区域性
（3）资本/投资来源	地方性	区域性/地方性	全国性/区域性	全国性/区域性	全国性/国际性	全国性/国际性
（4）聚集经济	低	增加	快速增加	中速增长	缓慢增长或稳定	稳定或下降
（5）空间投入/供给关系	相当有限、地方性/区域性	有限、地方性/区域性	增大、区域性	区域联系明显、地方联系增加	区域联系非常明显、地方和全国性联系明显	区域和全国性联系非常明显、地方性联系明显
（6）地方乘数效应	非常有限	有限	增大	重要（明显）	非常重要	非常重要
（7）基础结构需求						
1）通信	以满足地方性需求为主	中等重要、要满足区域需求	重要、满足区域性和全国性的需要	满足大区域和全国性的需要	满足非常大区域和全国性的需要	满足非常大区域/全国性/国际性/区域性需要
2）电力	不重要	中等重要/不重要	重要	非常重要	极端重要	极端重要

资料来源：L. Suarez-Villa, “Urban growth and manufacturing change in the United States-Mexico borderlands: A conceptual framework and an empirical analysis,” *The Annals of Regional Science*, No. 3, 1985, pp. 54–108。

城市生命周期演化中的正常现象。但生命的本质是延续而不是割断，重生必须具有延绵的基因，这就要求城市旧城更新传承历史文脉（张庭伟，2010）。

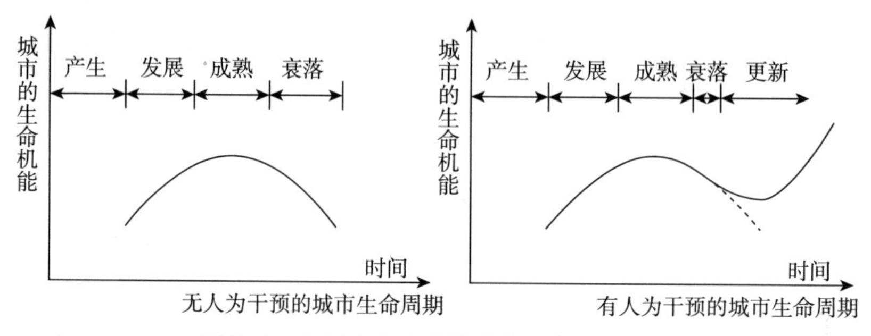

图 2-1　有无人为干预的城市生命周期比较

资料来源：侯鑫：《基于文化生态学的城市空间理论：以天津、青岛、大连研究为例》，南京：东南大学出版社 2006 年版，第 223 页。

社区变迁显著体现于人口的变化。针对人口迁移，蒂伯特对地方公共物品的有效供给问题进行了较为系统的研究，提出"以足投票"的理论（Tiebout，1956）。居民出于自身利益最大化的动机选择符合个人"税收负担和公共产品水平组合"偏好的社区，这促使地方政府更有效地向人们提供所需要的公共产品和服务。大量人口从外地、北京郊县地区迁入大栅栏街道居住的行为就可以用这个理论来阐释。

2.1.2　社区生命周期研究

1981 年，鲍恩（Larry S. Bourne）在《住房地理学》（*Geography of Housing*）一书中首次提出了社区生命周期理论的框架（Bourne，1981）。他通过对社区邻里的观察，对典型的邻里演替进行了尝试性的阐释（宋伟轩，2013）。美国学者诺克斯（Knox）和迈克卡西（McCarthy）在《城市化》（*Urbanization：An Introduction to Urban Geography*）一书中总结了社区生命周期的六个阶段：郊区城市化、填充、衰落、稀疏、复兴、更新和绅士化运动（Knox and McCarthy，

2005）。这可以看作是系统性研究邻里（社区）生命周期的开端（见表 2-2）。

表 2-2　邻里和住房生命周期概要

次序	投资和建设		社会属性				其他特征
	住宅类型与权属	投资水平	人口密度	家庭与住房结构	社会经济背景、收入	移民流动性	
郊区城市化（新建）	独户住房（低密度、多样化），住房自有	高	低（但会增加）	年轻家庭，小、大家庭	高（增加）	高的净移入移民，高流动性	开始开发阶段，集聚开发，大的规模项目
填充（在空地上）	多家庭住房，出租房	低，下降	中等（增加缓慢或稳定）	变老的家庭，较大的孩子，趋于混合型	高（稳定）	低的净移入移民，低流动性	初步过渡阶段，在年龄阶层、住房方面较少的同质性
衰落（稳定性和衰落）	现有住房变换为多家庭住房，出租房	非常低	中等（增加缓慢），总人口下降				
稀疏	非居住，现有单元的建设与拆除	低，增加	下降（净密度可能正增加）				
复兴	公共住房，出租房	高	增加（净）	年轻家庭，许多孩子	下降	高的净移入移民，高流动性	第二过渡阶段，根据一定条件，可以采取两种形式的一种
	豪华高层公寓和联排住房	高	增加	混合型	增加	中等	
更新和绅士化运动	变换	中等	减少（净）	很少孩子	增加	低	—

资料来源：〔美〕保罗·诺克斯、琳达·迈克卡西：《城市化》，顾朝林、汤培源、杨兴柱等译，北京：科学出版社 2009 年版，第 399 页。

2.1.2.1 社区发展与演变的动力与阶段

社区的发展是推动城市社会经济发展的动力，而社区自身的发展和演变也有如下内在动力和外在动力：社会组织、公众参与、社会资本、科技创新以及产业发展与转型等。其中，前三个动力是社区发展中具有持续性的动力，后两个是根本推动力（张艳国等，2013；贾敬敦等，2013）。而这些动力来自政府、社区居民和企业等相关主体。

本书将社区发展与演变的过程归纳为产生、发展、衰落与复兴四个阶段。

第一，社区的产生。社区产生于原始社会，伴随着新石器时代以来城市的产生，自发分散的社会功能聚合在一个地域空间中，这使得社区各个组成部分之间出现了相互感应、相互联系（Mumford，1961）。社区的产生需要具备以下要素：①一定数量的人口；②一定的区域界限；③一定的生活方式和文化体系；④一定的地缘认同感；⑤一定的社区组织（惠中等，2009）。

第二，社区的发展。社区由地域、人口、区位、结构和社会心理等基本要素构成（赵蔚等，2002）。1955 年联合国发布《通过社区发展促进社会进步》（Social Progress Through Community Development）报告，明确提出了社区发展的 10 条原则，其中包括“社区发展活动必须同社区居民的基本需求相一致，首先实行的发展计划要满足居民的需要，在社区发展的开始阶段，转变居民的态度和社区建设同样重要”等（United Nations，1955）。由此可见，社区的发展一定要以满足居民的物质文化需要为核心。很大程度上，社区的发展表现为居民社区归属感的增强（单菁菁，2008）。居民对社区的归属感和认同感可以依靠良好的社区物质环境规划设计来实现，包括公共空间、公共服务设施、社区参与、文化环境等。

第三，社区衰落。缺乏创造力与文化复兴意识是社区衰落的主要原因，建筑的单调与肤浅以及居民对社区文化的不了解是主要表现形式。近年来，学者对社区衰落这一主题的研究主要集中在以下几方面：①回顾城市少数族群社区衰落的过程（韩天艳，2011）、探索社区衰落的原因、寻求社区重建和振兴的方法（陈云，2009）；②探讨单位社区衰落的过程与根源（曲玲玲，2005）、单位社区的资源共享问题（戴妍，2008）；③对资源型社区人口的变迁、社区衰退进行分析（王帅，2013），构建资源型社区变迁的循环模型（Taylor and Fitzgerald，1988）。

第四，社区复兴。社区复兴是伴随社区衰落而提出的概念。复兴的期望是社区居民和政府对生活状态不满的积极表达。“精明增长”和“新城市主义”的理念是指引美国社区复兴的原则（邹兵，2000）。20 世纪 70 年代至 90 年代美国“精明增长”运动时期，政府出台了《增加公共设施条例》（Adequate public facilities ordinance，APFO），鼓励在社区集约式地提高公共服务设施的供给水平以满足本地居民增长的物质文化需要（马强等，2004）。此外，还有学者提出旧城社区自身能力建设是社区复兴的内生且持续的动力（徐延辉等，2013）。

2.1.2.2 我国社区的发展与演变

中国唐代、宋代、明代、清代等时期的社区大多是传统社区。民国时期，在北京、上海、天津、广州等大城市，由于外来人口的涌入和经济的发展，出现了传统社区向现代社区转变的萌芽，开启了向现代社区过渡的过程，这一过程进展较慢，断断续续，几度停滞。20 世纪 90 年代以来，中国的社区转型路径在于转变观念，推进渐进多元模式（李志刚等，2007），具体见表 2-3。常铁威梳理了我国 20 世纪以来社区发展的几个阶段：在 20 世纪上半叶，主要是从传统社区向法定社区（依据国家行政管理体系设置的行政意义上的社区）过渡；在下半叶首先从以法定社区为主转向以单位体系为主，然后又开始了由单位制向社区制的回归（常铁威，2005）。

表 2-3　传统社区与现代社区的对比

	传统社区	现代社区
维系基础	以伦理、情感为主导的地方共同体	以利益、理性为主导，构建新的社区伦理秩序，培养与现代城市生活相适应的社区情感状态
价值观念	同质性（同质人口）	异质性（异质人口）
空间属性	严格地域性	“脱域性”
生活方式	单一	多元化
社区组织	数量较少，发挥作用小	数量多，对社区发展发挥重要作用
社区服务	单一、简单、死板	多样、专业、灵活

资料来源：李慧凤、许义平：《社区合作治理实证研究》，北京：中国社会出版社 2009 年版，第 1—14 页，表格经作者整理自制。

说明：“脱域性”（disembedding），是指社区生活不仅超越了地域关系的限制，还超越了传统的各种地方性制度的制约，在一个更广阔的空间中构建新型社会关系。

2.2　旧城有机更新理论

2.2.1　有机更新的原则和内涵

“有机”是指生命体自然生长的过程和状态。从过程来看，“有机”意味着生命体受到外界的消极干扰较少，以积极作用的扰动为主，同时其手段以绿色自然为主；从状态来讲，“有机”意味着新变化与生命体其他构成部分相互协调、相互融合。在城市规划领域，城市有机更新理念起源于美籍建筑师伊利尔·沙里宁（Eliel Saarinen）在其著作《城市：它的发展、衰败与未来》（*The City: Its Growth, Its Decay, Its Future*）一书中提出的“有机疏散”（organic decentralization）理论，强调城市增长和变化的循序渐进，以及对原有脉络的维系和延续（沙里宁，1986）。

著名建筑师、城市规划师吴良镛先生在北京的旧城改造中提出了“有机更新”的概念，主张采用适当规模、适宜尺度，依据改造的内容与要求，妥善处理现在与将来的关系。不断提高规划设计质量，使每一片区的发展具有相对的完整性，这样集无数相对完整性之和，即能实现北京旧城的整体环境改善，达到有机更新的目的（吴良镛，1994，2005）。“有机更新”反对破坏旧城物质文化脉络的大规模推倒重建改造模式，强调尊重旧城的历史演变脉络和原有物质社会空间组织形式，主张小规模、渐进式的更新。这一理念后来被逐步推广到中国城市的旧城更新实践中，为中国许多城市科学、合理地制定旧城更新方案和规划提供了宝贵的指导。吴良镛先生的“有机更新”理论的原则和内涵见表2-4。

表2-4 “有机更新”理论原则和内涵

原则	内涵
城市整体的有机性	作为千百万人生活和工作于其中的载体，城市从总体到细部都应当是一个有机整体（organic wholeness） 城市的各个部分之间应像生物体的各个组织一样，彼此关联，同时和谐共处，形成整体的秩序并具有活力
细胞和组织更新的有机性	同生物体的新陈代谢一样，构成城市本身组织的城市细胞（如供居民居住的四合院）和城市组织（街区）也要不断更新，这是必要的，也是不可避免的，但新的城市细胞仍应当顺应原有的城市肌理

（续表）

原则	内涵
更新过程的有机性	“生物体的新陈代谢，遵从其内在的秩序和规律，城市的更新亦当如此”；在菊儿胡同改造实践中，“有机更新”理论提出了保护、整治与改造相结合，采用“合院体系”组织建筑群设计，小规模、分片、分阶段、滚动开发等一系列具体的城市设计原则和方法

资料来源：方可：《探索北京旧城居住区有机更新的适宜途径》，清华大学博士学位论文，1999 年。

2.2.2 有机更新的实践案例

在有机更新的实践案例中，1997 年南锣鼓巷平房保护区环境整治过程属于典型的采用改善主导模式。针对区域内基础设施薄弱、房屋破损比例严重、居民生活现代水平较低等弊病，东城区政府采取政府主导、公众积极参与的形式，通过设立专项整改资金，对保护区实施了全面整治工作，其改善内容包括：修缮区内民房、拆除违章建筑、增添环卫设施（包括整治区内各类公厕）以及修建下水管道等措施。在资金有限的情况下，整治工作取得了显著的社区提升效果，是有机更新理论在旧城改造中一次成功的实践。如今，有机更新理论在南锣鼓巷历史文化街区保护复兴工作中依然发挥着重要作用，2017 年，在东城区人民政府《关于实施历史文化街区——南锣鼓巷地区保护复兴计划情况的报告》中，进一步明确了以“保护风貌、改善民生、提升环境、文化复兴”为宗旨，持续开展南锣鼓巷修缮整治等各项工作，通过实施区域整治工作来全面提升旧城保护区环境质量，切实提高区域居民生活品质。应该说，当前有机更新理论已经深入我国的旧城更新与发展理念之中，在国内的旧城更新与改建过程中发挥着重要的指引作用，其也为探索适合我国旧城更新与历史街区保护的新路径做出了贡献。

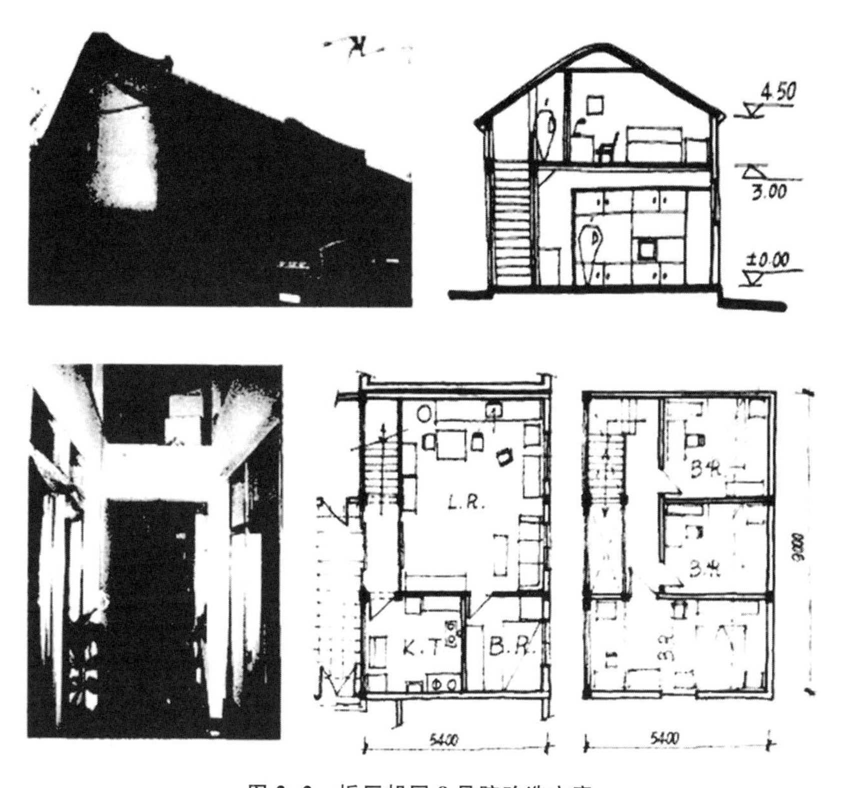

图 2-2 板厂胡同 8 号院改造方案

资料来源：方可：《探索北京旧城居住区有机更新的适宜途径》，清华大学博士学位论文，1999 年。

2.3 历史城区遗迹保护理论

2.3.1 原真性理论

2.3.1.1 原真性的概念

原真性（authenticity）是世界遗产保护领域的一个重要概念。对自然和文化遗产进行评估检验时，通常使用这一概念作为标准。

“authenticity”一词源于希腊语，其含义为“权威的”“原初的”，这个概念最初用来描述《圣经》和宗教圣地以及圣物的真实性。后来这一概念被引入日常社会生活领域，用于描述一些文化陈列展品，涉及对象包括人工与自然环境、艺术、宗教等。直到20世纪60年代，这个概念才延伸到世界遗产领域并被用来着重描述文化遗产。随着社会的进步，原真性的含义变得越来越宽泛（张成渝，2010）。

原真性的概念可以分为设计、材料、工艺、环境四个方面。

第一，设计的原真性，即设计方式与设计思想的原真性，指遗产的修复和更新不能修改原有的设计。

第二，材料的原真性，即要保持原始材料的使用以延续遗产质感和材质的真实性。

第三，工艺的原真性，即要采用原有的工艺，以保持遗产的纹理细节符合所处年代的特色。

第四，环境的原真性，是指应当保持遗产地的整体环境，使得遗产拥有所处的环境，并不孤立存在。

原真性保护并不仅仅是指保持并恢复其原初状态。《威尼斯宪章》，全称为《保护文物建筑及历史地段的国际宪章》（The Venice Charter：International Charter for the Conservation and Restoration of Monuments and Sites），对遗产的原真性做了很好的诠释，提出“将文化遗产真实地、完整地传下去是我们的责任”。宪章强调，为了保护遗产的原真性，不能改变建筑布局和装饰细节，同时要保护古迹周围的环境。而对于保护对象，宪章进一步指出，保护遗产并非还原其“最早的状态”（the underlying state），而是要尊重遗产“所有时期的正当贡献”（the valid contributions of all periods），即一座城市在各个时代叠加的正当贡献都应被保护。

2.3.1.2 原真性理论的核心内容

a. 原真性理论及其发展

原真性主要被用来评价文化遗产，很少被用于自然遗产领域。迪恩·麦肯奈尔（Dean MacCannell）在旅游遗产领域引入了原真性的概念，提出原真性在旅游遗产领域可以分为客体原真性和主体原真性，主要体现在旅游目的地遗产的物质原真性以及旅游者场地感受的原真性等方面（MacCannell，1973）。物质上的原真性主要包括遗产的外形、构造工艺和材料的真实性。场地感受的原真性主要体现在旅游者对遗产有着真实、原真的场地感受，不被虚假的历史构筑物所误导。

国际古迹遗址理事会（International Council on Monument and Sites，ICOMOS）澳大利亚国家委员会（The Australian National Committee of ICOMOS）在 1999 年通过并实施的《巴拉宪章》(The Burra Charter）对原真性概念的演变也产生了重要的影响，它针对原真性原则进一步完善和拓展其概念（Australia ICOMOS，1999）。该宪章把遗产分为美学、历史、科学、社会、精神五类，并按照“过去”“现在”和“将来”三个时间节点，分别选取维护、保存、修复、重建、兼容性利用、有效利用、适应性改变、展示等多种方式进行保护与利用，并在一定程度上接纳了“重建”等符合东方文化特征的遗产原真性保护方式（张朝枝，2008）。

2005 年，国际古迹遗址理事会在西安通过的《西安宣言——保护历史建筑、古遗址和历史地区的环境》(Xi’an Declaration on the Conservation of the Setting of Heritage Structures，Sites and Areas，简称《西安宣言》)，对原真性的概念也进行了深入的解读，并强调“环境背景对遗产原真性研究具有重要意义，不同的环境背景，产生的原真性要素也各不相同”（ICOMOS，2005）。

《实施〈保护世界文化和自然遗产公约〉的操作指南》(The

Operational Guidelines for the Implementation of the World Heritage Convention，后文简称《操作指南》）是联合国教科文组织（UNESCO）为各国、各地区实施《保护世界文化和自然遗产公约》（Convention Concerning the Protection of the World Cultural and Natural Heritage）而统一制定的专业技术规范和标准，其指出根据文化遗产类别及其文化背景，如果遗产的文化价值（申报标准所认可的）的下列特征是真实可信的，则被认为具有原真性：

- 外形和设计；
- 材料和实体；
- 用途和功能；
- 传统、技术和管理体制；
- 方位和位置；
- 语言和其他形式的非物质遗产；
- 精神和感觉；
- 其他内外因素。

b. 文化遗产的原真性保护与争议

原真性保护争议的焦点在于原真性的概念：究竟是原初状态是原真，还是经过岁月变迁的遗存物状态才算原真？东方文明与西方文明分别从不同的角度诠释了这个问题。

东方文明对于原真性的定义倾向于保护其最原始的原真状态，例如中国对原真性的理解更偏向于追求原初状态的真实，而不必体现历史的变迁和改变。因此遗迹修复力求与原有遗迹相一致，还原遗迹原始的完整状态。基于保持原初状态的思想，一大批受损严重的遗迹被重建，同时一大批仿古建筑，即假古董应运而生。判断这些古董是否具有原真性，是一个重大难题。

西方则更加倾向于现存的真实，即经历了时间变化和历史变迁的遗产残存状态。意大利建筑师博伊托（Camillo Boito）指出，对于文化遗迹要保护现状，而不是恢复原状，而对于必须要修复的部位，多采取具有区分度的修复方式，例如修复部位在材料或者颜色上与遗迹原有部位有所区别。李格尔（Alois Riegl）则把文化遗产建筑分为“目的性建筑”和“非目的性建筑”两类，区别在于看重的是建筑本身的价值还是岁月流逝产生的建筑历史价值，提出恢复遗迹的“原状”会摧毁建筑遗产的“岁月价值”（阮仪三等，2008）。

c. 旅游开发与原真性保护

以文化遗址为目的地的旅游业的兴起带来了文化遗产的商品化，旅游业的发展在一定程度上体现了文化遗产的价值。但这在为文化遗产的保护提供一定资金帮助的同时，也对遗产的保护产生了严重的负面影响。

文化旅游主要以猎奇为目的，所以一些具有特殊外形和较大规模的遗迹物受到了广泛欢迎，例如兵马俑、布达拉宫等，而一些规模不大且保存不完整的小型文化遗迹则被忽视。这种忽视直接导致对遗迹“修复”的偏好，一些遗存量不大、遗迹状态较差的遗产地纷纷开展遗迹重建和遗迹修缮等工作，为满足旅游业发展的需要，修建了大量仿古建筑，制作了大量假古董，并将之与真实的遗迹不加区分地结合在一起，形成一个个景点，严重破坏了遗产地风貌的原真性。这些遗产地不再具有遗迹历经千百年风雨的原始风貌，而是新建仿古建筑与历史建筑的结合体。在遗产地重建的仿古建筑和“遗迹”是一种现代仿制品，只是风格形式上的佳作，而丝毫没有历史见证作用（洪铁城，1998）。

原真性是文化旅游的主要目的，当一种文化现象成为商品，其保护与维护方式将变得商业化（陈享尔等，2012）。一些旅游机构倾向于放大遗产地存在的特异风俗习惯，并加以夸大渲染，塑造成地方文化传统。这种“筛选”造成了遗产地文化原真性的破坏。文化遗产保护的大敌不再是自然的破坏力量，也不再是人类战争和野蛮的破坏，而是在错误的指导思想下形成的错误观念以及错误的遗产修复与建设行为。

2.3.2 完整性理论

2.3.2.1 完整性的概念

完整性（integrity）是世界遗产保护领域的另一个重要概念。《威尼斯宪章》首次提出了遗产保护的完整性原则，指出“为保持其完整性，文物古迹必须成为需要特殊照管的对象”。

“integrity”一词来源于拉丁语，其含义是“没有受到干扰的原初状态”。完整性是对遗产的整体性（wholeness）和完好性（intactness）的度量，指的是自然遗产或文化遗产保持完整无缺并能抵御一定外界干扰的性质。根据定义，完整性主要包含以下三个方面：

第一，文化遗产地范围内物质结构的完整性，即文物遗产地和建筑、遗址、城镇等保持自身结构的完整；

第二，文物建筑与周边环境的完整性，即文物建筑与周围环境保持和谐，风格统一；

第三，文化遗产与当地历史文化的完整性，即文化遗产不仅是一种物质上的存在，还应该和历史街区、当地的文脉相结合，是一种抽象意义的完整性。

2.3.2.2 完整性理论的核心内容

a. 突出普遍价值

早期的世界文化遗产评定存在一定的误区，即把文化遗产当作一件有价值的工艺品，忽略其带有的非物质文化背景。当时的文化遗产评定类似于将遗产放在一起来比较其作为一件工艺品的“价值”大小的简单过程。由于文化具有多样性，不同国家、地区和民族的遗产都具有独特性，而对这些来自不同文化的文化遗产进行比较并评估出具有更高价值的遗产，具有操作上的难度。

因此，联合国教科文组织引入“突出普遍价值”（outstanding

universal value）这一概念对来自不同文化背景的自然或文化遗产的价值进行评估。联合国教科文组织将突出普遍价值界定为“在文化或者自然方面非常显著，并对于现在和未来的人类有着超越国家界限的普遍意义”(Droste and Bernd，2011)。

联合国教科文组织发布的《保护世界文化和自然遗产公约》规定，列入遗产名录的遗产必须由世界遗产委员会审核并认可其具有突出普遍价值（UNESCO，1972)。世界遗产委员会有权决定一项申报的文化或自然遗产是否达到具有“突出普遍价值”的标准。文化遗产的突出普遍价值在于其具有普遍意义的文化特征。判断一项文化遗产是否有突出普遍价值，首先要有充分的证据证明遗产所包含的特定文化、信仰或实践可以反映人类普遍的理想和需求，并且要有一个特定的地方（遗产所在地）可以充分地表达其价值(Ween，2012)。荷兰学者斯坦伯格对第三世界国家的文化遗产进行了研究，提出历史街区文化遗产的保护应该注重保护旧城肌理的完整性，以此保持历史街区和历史街区所依附生活的突出普遍价值(Steinberg，1996)。

b. 完整性的发展与争议

《威尼斯宪章》提出，“遗产保护的核心原则是原真性和完整性”，并将原真性用于文化遗产领域，以强调文化遗产领域中存在的遗产真实性问题，而完整性作为遗产保护的核心原则，长期以来多用于自然遗产领域。1997 年版《操作指南》使用完整性作为自然遗产的评价标准，用来检验自然遗产的保护状态（UNESCO，1997)。

谢凝高（2000）提出，《操作指南》的核心原则是保护遗产的原真性和完整性。张成渝等（2003）对世界遗产的原真性和完整性原则进行了理论方面的研究，指出 2002 年版《操作指南》对原真性和完整性的概念描述不足，完整性不应该只置于自然遗产的框架内，而应该拓展并适用于文化遗产领域。

2002年，联合国教科文组织世界遗产委员会（UNESCO World Heritage Centre）根据第26届世界遗产大会（26th World Heritage Conference）确定的四个战略目标，提出要致力于构建一个具有代表性、平衡性和可信性的世界遗产名录（World Heritage List）。

2005年，国际古迹遗址理事会在西安召开会议并通过了《西安宣言》，将完整性原则拓展到文化遗产的领域。该文件明确规定，“完整性适用于自然遗产，并且同样适用于文化遗产领域”（ICOMOS，2005）。《西安宣言》同时强调了环境的完整性对于文化遗产和古迹的重要性，指出“涉及历史建筑、古遗址和历史地区的周边环境保护的法律、法规和原则，应规定在其周围设立保护区或缓冲区，以反映和保护周边环境的重要性和独特性”。而这些保护区和缓冲区也正是关系到文化遗产完整性的重要因素。

2005年版《操作指南》进一步对完整性原则的适用范围进行了调整，提出了“保护文化遗产的完整性”的理念，指出被提名列入世界遗产名录的文化遗产必须满足原真性条件，所有遗产都要满足完整性条件（UNESCO，2005）。自此，完整性同时用来检验自然遗产和文化遗产。该版本的《操作指南》规定了完整性的三条校验标准：一是遗产是否包含了表达其突出普遍价值的所有要素；二是其是否拥有足够大的范围，以确保体现遗产地重要性的所有过程和特征；三是在受到一定的开发或忽视所造成的负面影响时是否具有一定的抵御性。

把完整性应用于文化遗产领域后，完整性原则不仅可以用来描述文化遗产物质结构的完好程度，还可以用来强调遗产地在视觉景观与社会功能方面的连续性，有利于更全面地理解文化遗产的价值。张成渝对文化遗产完整性的含义进行了解读：一是范围内物质结构的完整，保持自身结构并与周围环境保持和谐；二是文化概念上的无形完整，即文化遗产伴随实物的文化意义上的完整性（张成渝，2004）。

中国学者对完整性理论的研究相对较少，主要以理论综述为主，多与原真性相结合或者形成比较，对《威尼斯宪章》以及《操作指南》中关于原真性与完整性的概念的表述以及概念的演化过程进行理论研究。

c. 完整性理论及其发展

原真性是文化遗产时间维度的检验，而完整性则是文化遗产空间维度的检验。在遗产保护实践中，完整性的概念和理论也得到了一定程度的改进和完善。2005年版《操作指南》中有关遗产的突出普遍价值的标准有：能代表地球的重要历史阶段、生命变化、重要地质变化等；能代表进化过程中的重要生态过程；具有显著的自然现象或具有天然美景；在生物多样性方面具有重要意义（UNESCO，2005）。《操作指南》同时指出：当保护区存在多个管理区域时，可能只有一部分区域满足完整性标准，但是那些不满足标准的区域对于提名遗产地的完整性也很重要。比如生物圈的核心地区符合完整性要求，但是那些缓冲区和过渡区对于生物圈的完整性也同样重要。而在文化遗产领域，恰恰也存在一些文化遗产周边的、不满足完整性标准的地区充当缓冲区和过渡区。而这些缓冲区域就是本书研究的对象——历史城区中的非文保街区。

把来自自然遗产保护的缓冲区概念拓展到文化遗产领域是十分必要的。《西安宣言》提出，“理解、记录、展陈周边环境对定义和鉴别历史建筑、古遗址和历史地区的重要性来说十分重要”。联合国教科文组织使用“突出普遍价值”来评估世界文化遗产的地点适合程度。而这里提到的“文化遗产的地点合适程度”就体现在文化遗产周边环境的完整性上。文化遗产领域的完整性原则从最初仅作为指导历史建筑单体的保护原则拓展到历史遗产地总体景观环境的保护中。

第一阶段的完整性只限于文物建筑和构筑物本身的完整性，为了保持文物建筑作为文化遗产的存在而要求其结构完整、不被破坏。第二阶段强调文物建筑和一定范围内周边环境的完整性，而保护周边环境的意义在于通过划定一定的缓冲区域来保证文化遗产的安全。在第三阶段，为了保护文物建筑的突出价值和根植于所在遗产地环境的价值而保护更大范围的区域，进而保护文化遗产价值和文化意义的完整。遗产的保护逐渐拓展到街区级别，形成了历史街区，并划定了一定范围的保护区，在保护区内完整地保存一系列遗产建筑和环境，并可以保持区域内环境和街道的肌理，是一种片区级别的整体风貌保护。

大规模拆除建设的城市更新模式导致城市的历史文脉遭到破坏，并促使城市决策者开始考虑整体性的城市遗产保护。当对文化遗产的保护拓展到城市级别，就可以将保护历史街区和保护城市特色、城市历史结合起来，构成城市尺度的风貌协调。这种方式让历史建筑和历史街区根植于城市并充分融入城市的生活，让历史保护与城市生活不再分家，是一种大范围、全面的保护。

法国于 1962 年颁布《马尔罗法》（Loi Malraux），该法案指出，历史城区更新的目标不仅是物质结构的更新和改善，还应该着力提升历史城区的整体环境水平和综合活力，包括经济和社会等方面。这一法案把文化遗产的保护范围拓展到社会环境。法案提出要在历史城区划分保护区，这种保护区类似于现在国内的历史文化保护区（文保区）。保护区被纳入城市规划的管理范围，保护区内建筑不能随意拆除改造，任何改造均需要规模审批和由政府雇用的建筑师主导。该法案将历史街区保护与城市规划政策结合起来，把遗产保护纳入城市策略。一些西方国家借鉴了该法案的思路并提出了整体性保护（integrated conservation）策略，这是一种把保护与发展结合起来的综合利用性保护模式。

d. 文化遗产的完整性保护

《西安宣言》提出，规划手段应包括相关规定，以有效控制外界急剧或累积的变化对遗产周边环境产生的影响。《西安宣言》明确了规划手段应该控制完整性要素和视觉景观的影响因素，比如天际线和景观视线的完整性是否得到保护，新建筑和古建筑、古遗址等的距离是否恰当，新的建设是否对周边环境的视觉和空间上的完整性构成侵犯，以及周边环境的土地是否被不恰当使用，等等。

完整性保护范围的扩大不仅是地域范围的扩大，还包括程度的加深和维度的扩展。程度的加深体现在完整性内涵的深入。随着遗产保护技术的进步，完整性的检验标准逐渐变得更加科学和清晰，并常常以历史资料为蓝本对文物建筑以及周围环境进行完整性保护和修复。保护维度的扩展体现在将对物质遗产的完整性保护拓展到对非物质文化遗产的保护。人们逐渐认识到，保护文化遗产不仅是保护文化遗产的遗迹物、建筑物和构筑物，还要保护这些文化遗产所携带的历史信息以及所依附的文化。

更进一步的保护不再满足于有限的历史信息的获取和保存，而是更加讲求历史信息的延续和发展，即城市和区域层面的文脉保护，采用完整性原则保护历史街区及其所包含的城市历史文化传统、传统生活方式、传统手艺技能等非物质文化遗产和文化风俗。

日本历史文化遗产的保护水平很高，在 1950 年日本出台的《文化财保护法》中，文化遗产被明确地划分为有形、无形、民俗、纪念物和传统建筑群落五类。该法案明确了文化保护的程度，以“无形遗产”取代了传统的“非物质文化遗产”的概念。而“无形遗产”与“非物质文化遗产”相比具有更多的内涵（李致伟，2014）。

e. 完整性检验与文化多样性

对完整性的检验体现在对突出普遍价值的检验中，因此完整性主要体现在突出普遍价值的多样性方面。自然遗产的突出普遍价值体现在生物多样性上，而文化遗产的突出普遍价值则体现在文化多样性方面。文化的多样性是突出普遍价值在文化方面最显著的特点。历史街区由于面积大且包含大量不同用途、不同功能的历史建筑，体现了不同时代、不同起源的文化，在文化多样性方面有着比较集中的反映。

文化多样性指的是文化在不同时间、空间所具有的不同表现形式。这种文化的多样性体现在不同社会特征以及不同人类群体行为和意识的独特性之上，具体体现在风俗习惯和文化传统的多样性方面。《世界文化多样性宣言》（Universal Declaration on Cultural Diversity）提出，“文化多样性是人类的共同遗产，应该从当代人和后代的利益角度综合考虑，并予以肯定和承认”。

文化的多样性是人类交流、相互学习和改革的源泉。文化多样性就像生物多样性一样不可或缺。在一定条件上，自然遗产和文化遗产体现出的多样性可以在“突出普遍价值”这一综合概念上得到统一。例如许多被列入世界遗产名录的文化遗产也具有高度的生物多样性。

历史街区的文化多样性主要体现在建筑类型的多样性、生活方式的多样性和居住形态的多样性方面。历史街区由于空间尺度较大，在一定区域范围内不仅可以保留建筑物本身，还可以保留建筑与周围环境的融合、街道肌理和城市环境等，以及在整个片区中留存的原住居民生活习俗和文化特质的要素。为了保护文化的多样性，要对历史街区进行整体性保护，如果单纯保护面积有限的重点保护区和文物保护单位建筑单体，也只能保存它们的物质形态。

f. 完整性的指标与分析方法

在完整性的评估中，一些历史和生态因素被选作“有价值”，而一些社会经济与管理因素被选作“值得维护”（Gullino and Larcher，2013），作为评估文化遗产完整性的两大指标。而价值评估主要体现在具有突出普遍价值和值得维护两方面。

文化遗产的完整性体现在其物质形态的完整性、文化遗产在景观视觉上的连续性及其社会功能和职能的永续性三个方面。简言之，完整性的评价指标主要包括“物质形态”“视觉景观”“社会功能”三个方面。

完整性维护并不是一蹴而就的事情，而是一个伴随发展进行的过程。因此，需要将完整性的维护政策与所在区域的经济和社会活动联系起来，这样有利于实施可持续的管理计划。当前，针对完整性的分析方法主要有景观分析和历史分析两种方法。

特雷斯（Tress）等提出了基于景观分析的完整性评估方案（G. Tress, B. Tress, and G. Fry, 2005a, 2005b）。这是一套基于全球视角的综合性、完整性的评估方案。它综合考虑了自然现象与人类活动的关系。在这一视角下，保护遗产地整体自然环境和保护文化遗产空间本身就成为一个统一的过程。随着时间的推移，资源保护程度等方面的状况都在文化遗产的完整性保护上有所体现。

古利诺（Gullino）等提出了基于历史分析的完整性评估方案：首先，这套方案使用地形图、历史文献资料和航拍图像来描述地方景观及其在历史上发生的方位变化，并得出不同历史时期的景观风貌完整性变化的脉络；其次，基于指标的比较和定性描述，对空间格局的动态演变过程进行定量分析，对景观的完整性情况进行评估（Gullino and Larcher, 2013）。

2.3.2.3 完整性理论的实践意义

张成渝（2010）提出，原真性和完整性既是衡量遗产价值的标尺，也是保护遗产所需依据的关键，所以完整性原则作为保护遗产的理论依据，具有很强的实践意义。关于文化遗产完整性的检验和评估，中国学者研究得不多。王颖莹（2013）采用了量表打分的方法对历史街区的非文物建筑进行评价，使用完整性因子对六种建筑类型进行分析，并拟定不同的更新策略，在规划实践中也采用了基于完整性的分析方法。

完整性的概念在目前的规划实践中已经有所涉及。我国规划部门在文物保护单位周围划定文物保护范围时，出于对完整性的考量，总会在保护范围的外围划定一定宽度的建设控制地带，并对这个区域内的建设行为加以限制。历史建筑与文物保护单位的保护范围属于严格的法定保护，在保护范围划定后，该范围内的建设和利用就受到了严格的禁止。虽然这种方式对文物的保护比较全面，但因保护范围管理过于严格，缺乏弹性，会对当地的经济产生不利影响，并给当地财政带来很大的压力。因此这一方面的保护范围不宜偏大，要以突出重点为主。

目前，中国已经广泛确立了历史文化保护区和历史文化名城级别的保护体系，公众也逐渐形成了对历史遗产进行保护应该以历史街区片区为单位，而不是以孤立的文物保护单位、历史建筑为单位的认知。这种认知水平的提高在一定程度上说明我国进行历史文化遗产保护的公民宣传和教育程度有所提高。但是在实际的旧城保护和规划实践中，对于历史片区景观的完整性保护以及历史文化名城风貌完整性的保护，还存在认知水平不高、缺乏保护经验和实施难的问题。我国现阶段历史文化保护区规划中缺乏完整有效的执行方案，对于保护片区的划定有“一刀切”的弊端，而即使是重点保护区的保护手段也多以政策限制为主，禁止各种破坏性的更新和开发，却没有从历史城区建设和可持续保护的角度积极地面对历史城区的保护问题。对重点保护区之外的区域，既缺乏政策的有效限制，也缺乏方法和技术的支持。

设立建设控制地带则相对灵活，可以根据保护对象和完整性理论对建设强度和利用方式进行合理的安排。在建设控制区域可以进行一定的建设活动和商业活动，在保护历史街区的同时，兼顾实际的使用和经济发展的需要，使得这种保护更具有可操作性。

例如在北京城市总体规划的编制中，在划定历史文化保护区后，基于完整性的概念，在其周围划定历史风貌控制区。这片区域的建设行为仍然需要在一定程度上维护古城的风貌，但是文物保护力度略小，具有更大的使用和建设价值。

完整性理论既可以指导历史街区的保护政策，又对历史街区的修复实践有一定的指导意义。针对一些国家和地区在文化遗产保护中片面地注重外部的风貌保护，而内部完全翻建的做法，2003 年国际古迹遗址理事会通过《建筑遗产分析、保护和结构修复原则》(Principles for the Analysis Conservation and Structural Restoration of Architectural Heritage，后文简称《修复原则》)，其中针对完整性原则提出：建筑遗产的价值不仅体现在其外表，还体现在它所有的构成元素作为所处时代特有建筑技术独特产物的完整性，尤其是仅仅维持外观而去掉内部构件并不合乎保护标准。《修复原则》还指出，完整性并不只在于外观风貌的完整性，还包括内部构件、特色技术等方面，即应该避免在遗产保护和修复过程中去除任何历史材料或有特色的建筑特征。这套原则的颁布为历史建筑的保护和修复工作提供了参考，对于历史建筑的改造和利用不应当损害历史建筑的"独特完整性"，这种独特完整性可以当作"突出普遍价值"的一部分。同时，《修复原则》针对一些历史上完整性已经发生变化的历史建筑的修复提出了新标准：当这些变化已成为历史建筑的组成部分时，就应该将其保留下来。

本章参考文献

[1] 常铁威：《新社区论》，北京：中国社会出版社 2005 年版。

[2] 陈享尔、蔡建明：《文化遗产原真性与旅游开发研究综述》，《工程研究——跨学科视野中的工程》2012 年第 1 期。

[3] 陈云：《城市贫困区位化与社区重建》，《中南民族大学学报（人文社会科学版）》2009 年第 1 期。

[4] 戴妍：《单位型社区转型下的社区资源共享研究——以沈阳市新东街 L 社区为例》，华中师范大学硕士学位论文，2008 年。

[5] 单菁菁：《社区归属感与社区满意度》，《城市问题》2008 年第 3 期。

[6] 段汉明、杨海娟、李传斌：《中小煤炭城市主导产业的可持续发展对策——以陕西省韩城市为例》，《经济地理》2000 年第 4 期。

[7] 方可：《探索北京旧城居住区有机更新的适宜途径》，清华大学博士学位论文，1999 年。

[8] 韩天艳：《论哈尔滨犹太社区的衰落及哈尔滨犹太人的流向》，《西伯利亚研究》2011 年第 4 期。

[9] 洪铁城：《文物建筑的搬迁保护》，《时代建筑》1998 年第 2 期。

[10] 侯鑫：《基于文化生态学的城市空间理论：以天津、青岛、大连研究为例》，南京：东南大学出版社 2006 年版。

[11] 惠中、赵建梅：《人类与社会》，北京：高等教育出版社 2009 年版。

[12] 贾敬敦、吴飞鸣、张明玉、李宏：《中国乡村社区发展与战略研究报告》，北京：北京交通大学出版社 2013 年版。

[13] 李慧凤、许义平：《社区合作治理实证研究》，北京：中国社会出版社 2009 年版。

[14] 李志刚、于涛方、魏立华、张敏：《快速城市化下“转型社区”的社区转型研究》，《城市发展研究》2007 年第 5 期。

[15] 李致伟：《通过日本百年非物质文化遗产保护历程探讨日本经验》，中国艺术研究院博士学位论文，2014 年。

[16] 马强、徐循初：《“精明增长”策略与我国的城市空间扩展》，《城市规划汇刊》2004 年第 3 期。

[17] 〔美〕保罗·诺克斯、琳达·迈克卡西：《城市化》，顾朝林、汤培源、杨兴柱等译，北京：科学出版社 2009 年版。

[18] 〔美〕刘易斯·芒福德：《城市文化》，宋俊岭等译，北京：中国建筑工业出版社 2009 年版。

[19] 〔美〕伊利尔·沙里宁：《城市：它的发展、衰败与未来》，顾启源译，北京：中国建筑工业出版社 1986 年版。

[20] 钱勇：《资源型城市产业转型研究：基于企业组织与城市互动演化的分析》，北京：科学出版社 2012 年版。

[21] 曲玲玲：《转型时期单位体制的衰落与城市社区组织的整合》，吉林农业大学硕士学位论文，2005 年。

[22] 阮仪三、李红艳：《原真性视角下的中国建筑遗产保护》，《华中建筑》2008 年第 4 期。
[23] 宋伟轩：《隔离与排斥：封闭社区的社会空间分异》，北京：中国建筑工业出版社 2013 年版。
[24] 王帅：《浅析资源型社区治理中的问题及对策》，《中共太原市委党校学报》2013 年第 1 期。
[25] 王颖莹：《城市历史地段非文物建筑的保护更新研究》，“城市时代，协同规划——2013 年中国城市规划年会论文集”（11—文化遗产保护与城市更新），中国城市规划学会，2013 年。
[26] 吴良镛：《北京旧城保护研究（上篇）》，《北京规划建设》2005 年第 1 期。
[27] 吴良镛：《北京旧城与菊儿胡同》，北京：中国建筑工业出版社 1994 年版。
[28] 谢凝高：《保护自然文化遗产　复兴山水文明》，《中国园林》2000 年第 2 期。
[29] 徐延辉、黄云凌：《社区能力建设与反贫困实践——以英国“社区复兴运动”为例》，《社会科学战线》2013 年第 4 期。
[30] 于文波：《城市社区规划理论与方法》，北京：国家行政学院出版社 2014 年版。
[31] 张朝枝：《原真性理解：旅游与遗产保护视角的演变与差异》，《旅游科学》2008 年第 1 期。
[32] 张成渝：《〈世界遗产公约〉中两个重要概念的解析与引申——论世界遗产的“真实性”和“完整性”》，《北京大学学报（自然科学版）》2004 年第 1 期。
[33] 张成渝、谢凝高：《“真实性和完整性”原则与世界遗产保护》，《北京大学学报（哲学社会科学版）》2003 年第 2 期。
[34] 张成渝：《“真实性”和“原真性”辨析》，《建筑学报》2010 年第 2 期。
[35] 张松、赵明：《历史保护过程中的“绅士化”现象及其对策探讨》，《中国名城》2010 年第 9 期。
[36] 张庭伟：《1950—2050 年美国城市变化的因素分析及借鉴（上）》，《城

市规划》2010年第8期。

[37] 张艳国、刘小钧：《我国社区建设的困境与出路》，《当代世界社会主义问题》2013年第3期。

[38] 赵蔚、赵民：《从居住区规划到社区规划》，《城市规划汇刊》2002年第6期。

[39] 邹兵：《“新城市主义”与美国社区设计的新动向》，《国外城市规划》2000年第2期。

[40] Australia ICOMOS, The Burra Charter, 1999.

[41] Bourne, Larry S., *The Geography of Housing*, London: Edward Amord Publisher Ltd., 1981.

[42] Droste, V. Bernd, "The concept of outstanding universal value and its application," *Journal of Cultural Heritage Management and Sustainable Development*, Vol. 1, No. 1, 2011.

[43] Forrester, Jay W., *Principles of System*, Boston: The MIT Press, 1986.

[44] Gullino, P. and F. Larcher, "Integrity in UNESCO World Heritage Sites. A comparative study for rural landscapes," *Journal of Cultural Heritage*, Vol. 14, No. 5, 2013.

[45] ICOMOS, Xi'an Declaration on the Conservation of the setting of Heritage Structures, Sites and Areas, adopted in Xi'an, 2005, available at http://www.ncha.gov.cn/art/2005/12/6/art_722_110795.html.

[46] Knox, P. L., L. McCarthy, *Urbanization: An Introduction to Urban Geography*, New York: Pearson Prentice Hall, 2005.

[47] MacCannell, Dean, "Staged Authenticity: Arrangements of Social Space in Tourist Settings," *American Journal of Sociology*, Vol. 79, No. 3, 1973.

[48] Mumford, Lewis, *The City in History: Its Origins, Its Transformations, Its Prospects*, New York: Harcourt Brace & World, 1961.

[49] Steinberg, F., "Conservation and rehabilitation of urban heritage in developing countries," *Habitat International*, Vol. 20, No. 3, 1996.

[50] Suarez-Villa, L., "Urban growth and manufacturing change in the United States-Mexico borderlands: A conceptual framework and an empirical analysis,"

The Annals of Regional Science, Vol. 19, No. 3, 1985.

[51] Taylor, C. Nicholas, and Fitzgerald Gerard, "New Zealand resource communities: impact assessment and management in response to rapid economic change," *Impact Assessment*, Vol. 6, No. 2, 1988.

[52] Tiebout, C. M., "A pure theory of local expenditures," *Journal of Political Economy*, Vol. 64, No. 5, 1956.

[53] Trefil, J., *A Scientist in the City*, New York: Doubleday, 1994.

[54] Tress, G., B. Tress, and G. Fry, "Clarifying integrative research concepts in landscape ecology," *Landscape Ecology*, Vol. 20, No. 4, 2005a.

[55] Tress, G., B. Tress, and G. Fry, "Integrative studies on rural landscapes: policy expectations and research practice," *Landscape and Urban Planning*, Vol. 70, No. 1, 2005b.

[56] UNESCO, Convention Concerning the Protection of the World Cultural and Natural Heritage, adopted by the General Conference at its 17th session, Paris, 1972, available at http://whc.unesco.org/en/conventiontext/.

[57] UNESCO, The Operational Guidelines for the Implementation of the World Heritage Convention, Paris, 1997, available at http://whc.unesco.org/archive/opguide97.pdf.

[58] UNESCO, The Operational Guidelines for the Implementation of the World Heritage Convention, Paris, 2005, available at http://whc.unesco.org/archive/opguide05-en.pdf.

[59] United Nations, Social Progress Through Community Development, New York: United Nations Bureau of Social Affairs, 1955.

[60] Ween, Gro B., "World Heritage and Indigenous rights: Norwegian examples," *International Journal of Heritage Studies*, Vol. 18, No. 3, 2012.

第 3 章

典型案例：北京大栅栏地区

3.1 区位与历史形成

前门片区大栅栏地区是典型的北京传统历史风貌街区，其街巷格局形成于清朝，现在的道路格局是在清朝原有的胡同格局上发展而成的。如图 3-1，该地区位于北京正阳门（前门）的西南侧，东至前门大街，西至南新华街，北至前门西大街，南至珠市口西大街，东西宽约 1.1 千米，南北约 1 千米。

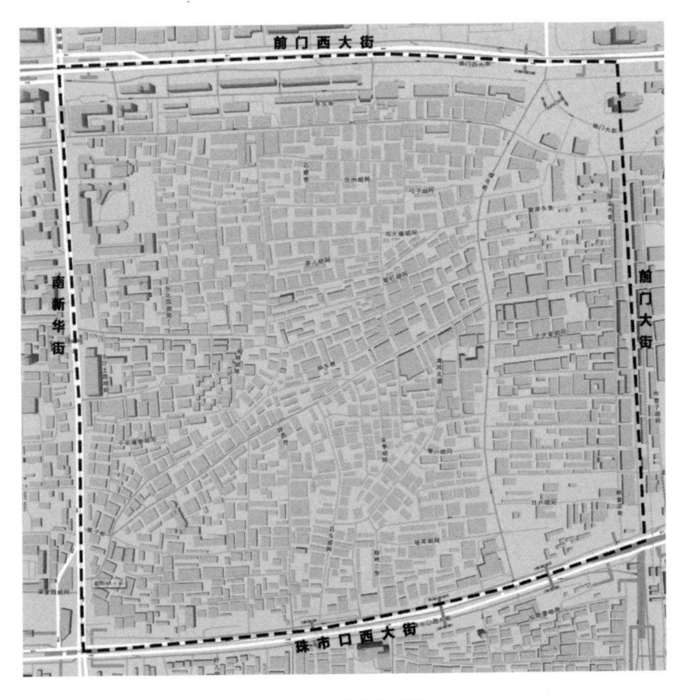

图 3-1 研究范围

资料来源：作者自绘。

清军入关后，清统治者继续定都北京。顺治元年（1644），外城设东、西、南、北、中五城，本书的案例地区分属“中城”和“北城”。康熙九年（1670），在外城各胡同口设置栅栏，对胡同加强管理，于是廊房四条改称“大栅栏”，这一名字流传至今。

大栅栏也是北京市一条著名的商业街。它地处北京中心地段，是南中轴线的一个重要组成部分，位于天安门广场以南，前门大街西侧。自明永乐十八年（1420）以来，经过六百年的发展，大栅栏成为店铺林立、商业繁华的历史街区，分布着瑞蚨祥、张一元、内联升、同仁堂等多家中华老字号商铺。

本书选择北京市前门片区大栅栏地区作为案例地区，因其在历史沿革、社会发展、人口经济、空间形态、街巷格局等方面能够代表中国城市多种要素交互作用下的历史城区的发展历程。大栅栏地区的发展历史就是一部浓缩的中国城市历史城区的发展史（见图3-2）。

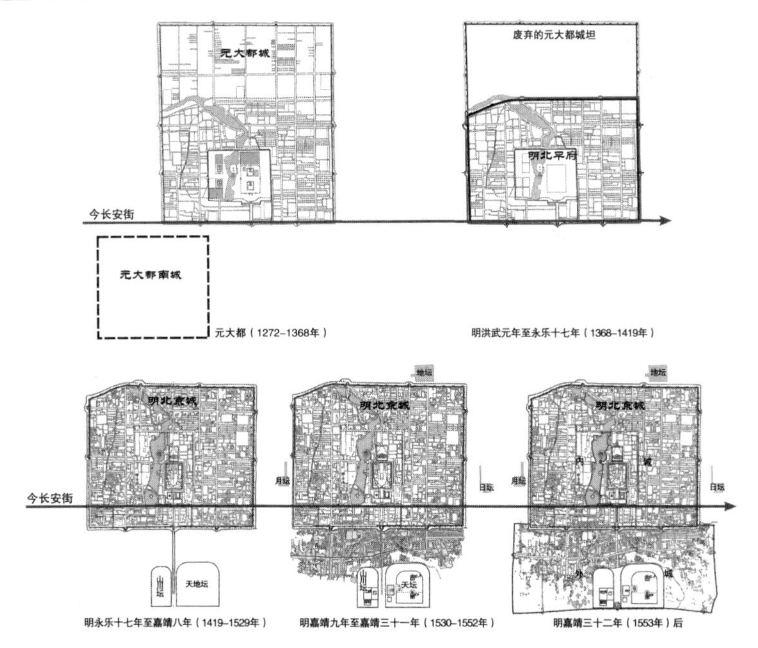

图3-2　元、明北京城址变迁图

资料来源：侯仁之、岳升阳主编：《北京宣南历史地图集》，北京：学苑出版社2008年版，经作者修改。

3.1.1 元代都城变迁与大栅栏街道雏形

大栅栏地区的历史可以追溯到元大都时期。金灭辽和北宋后，建立了金中都，贞祐三年（1215）蒙古军队攻入，元世祖忽必烈放弃中都，将在东北方向修建的元大都作为首都（北城）。大栅栏地处金中都东郊燕下乡一带，位于金中都与元大都之间。据《大栅栏街道志》记载，早在至元四年（1267），官方就开始在现大栅栏地区设窑场，烧制琉璃砖，人气开始聚集。

3.1.2 明清时期大栅栏发展

明永乐初年，明成祖在元大都基础上修建北京城。随着北京城的修建、扩建，大栅栏地区的街巷格局也不断发生变化。明朝政府为了恢复和繁荣经济，在北京很多地方建立“廊房”（王永斌，1999）。《人海记》中提到，“永乐初，北京四门、钟鼓楼等处，各盖铺房店房，招民居住，招商居货，总谓之廊房”（查慎行，1989）。其中，正阳门外修的廊房四条就是大栅栏地区。廊房相当于政府设立的“经济开发区”，几条标准的东西向街道是经规划而形成的。明清两代为了防范盗贼、整顿社会治安，在街区胡同口修建木质栅栏，昼启夜闭，实行“宵禁”，“大栅栏”这一名称得以沿用至今。

永乐十七年（1419），将北京城的南垣由东西长安街一线南移至今前三门（正阳门、宣武门、崇文门）一线重建。大栅栏地区被划分到城墙南侧、正阳门外紧邻皇城前门和中央衙署的优越地理位置，带来了大栅栏地区在历史上作为“朝前市”的商业鼎盛时期，也带动了生产交易相对集中的街巷的发展，进一步塑造了当时廊房与斜街的形态（罗保平，2000）。嘉靖三十二年（1553）因防御需要，建立外城，大栅栏地区被列入“京师五城”之内。《燕都丛考》引载《顺天时报丛谈》中的一段话描述当时该地区的盛景：“正阳门外正阳桥迤西，为北京都市极繁华之区域，商铺花埠咸集于斯，一切景物较

城外迤东亦有生气，如大栅栏、观音寺之繁盛……”（见图 3-3）

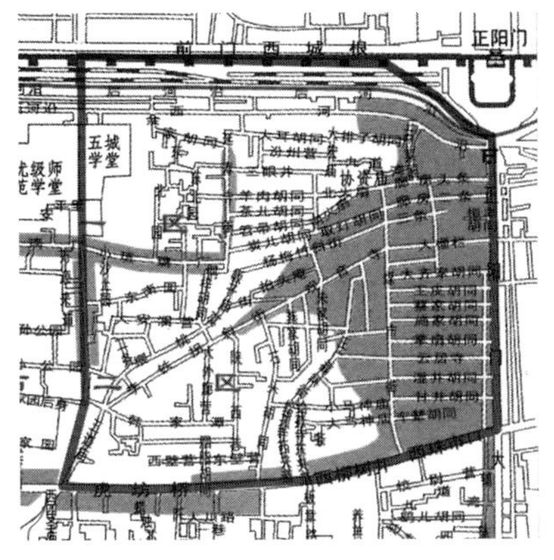

图 3-3　明（左）、清（右）商业区分布图

资料来源：侯仁之、岳升阳主编：《北京宣南历史地图集》，北京：学苑出版社 2008 年版，第 71 页，图经作者修改。

大栅栏地区的繁荣发展也部分归因于其位于中轴线的优势地位。明代开始，吏、户、礼、兵、刑、工六大部机关设在正阳门内东西两侧，外省进京述职、办事的官员住在前门外一带较为方便（王永斌，2006）。因此，大栅栏成了距离内城政治中心最近的外城地区，成为对外交通门户。原有的内城商业大量迁往外城，促进了商号、旅店云集的大栅栏商业区的新发展（见图 3-3）。在清代满汉分离居住的条件下，这个区位优势尤其明显。许多汇集宣南士人文化的会馆是商业活动的重要载体，促进了地区商业的繁荣。另外，大栅栏地区的建设主要考虑的是王朝经济发展和社会稳定的需要。朝廷制度不允许在内城建设的工场和商业类型，都被安置在大栅栏地区。同时，在旗民分居的政策制度下，普通居民被分开安置于城外，汇集于市井之地大栅栏地区。王世仁先生曾转引《鸿一亭笔记》记载，当时这一地区商贩“侵占官街”，“搭盖棚房，居之为肆”，崇祯七年（1634）本将拆除，但为保护经济而保留下来。

进入清代，大栅栏地区共经历了三次重大更新：第一次是康熙十八年（1679）京师大地震的震后重建；第二次是乾隆四十五年

（1780）火灾后的修复，在棚屋基础上修建了整齐的单层铺面（当时建筑格局如图 3-5）；第三次是光绪二十六年（1900）义和团运动和八国联军入侵北京，两千余家店铺遭焚毁。此后，前门西站和前门东站两座火车站相继建成，带来了大量的优质客源，极大地刺激了大栅栏的经济恢复和发展。而火灾后修复以及清政府推行新政后对城市环境的改良举措，促进了该地区新式建筑的修建。光绪二十八年（1902）后大栅栏地区修建了大量具有西洋风格的近代建筑，很多建筑加至二层或者三层。之后民国时期新建的大量西洋建筑与清代古典建筑相结合，形成了该地区中西合璧的独特建筑风格。此次建设掺入了光绪推行维新政策的政治示范因素，侧面体现了光绪时期尝试用“文化景观支撑权力景观”或“文化景观显示皇权的可视性”的思想目标（唐晓峰，2010）。大栅栏地区更新过程中的路网演变如图 3-4 所示。

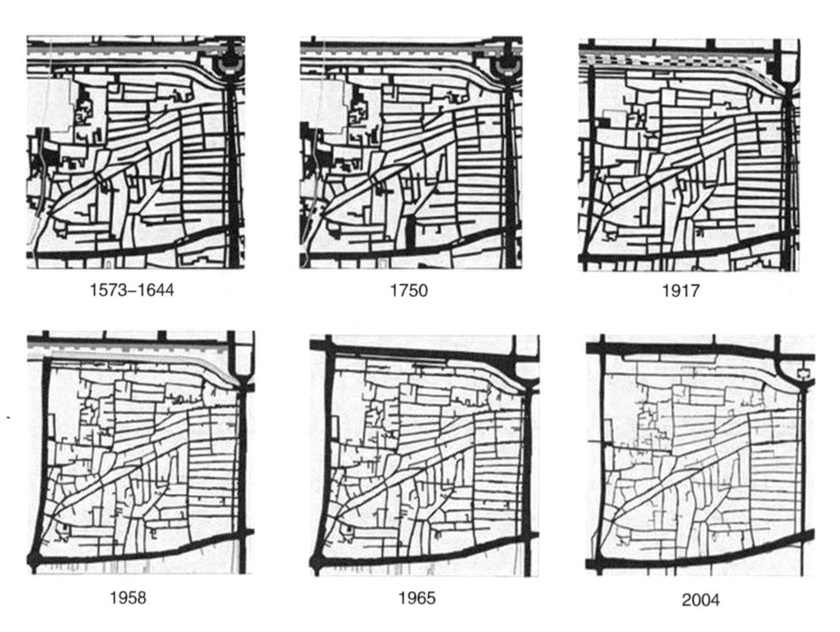

图 3-4　北京大栅栏地区在各个时期路网图

资料来源：清华大学建筑与城市研究所、宣武区人民政府等：《北京大栅栏煤市街以西及东琉璃厂地区保护、整治、复兴规划（规划设计说明）》，2006 年。

图 3-5 乾隆京城全图（外城西部）

资料来源：侯仁之、岳升阳主编：《北京宣南历史地图集》，北京：学苑出版社2008年版，第111页。

3.1.3 中华人民共和国成立后的大栅栏地区

3.1.3.1 历史延续转变期（1949—1978）

中华人民共和国成立初期，百业待兴，北京作为首都，大量重工业企业的迁入给历史古迹造成了严重的破坏。公私合营后，1958年到1965年，大栅栏地区的店铺从80多家变成30多家，前门大街原来的店堂风貌因缺乏资金支持而失去了原有的风格，许多木结构店堂和危房或继续使用，或拆改重建，或整合改造。

“文化大革命”期间，北京的规划管理部门被取消，总体规划也都暂停执行。由于没有统一的规划和建设，加之人口的流动和住房需求的激增，大栅栏地区开始出现见缝插针式的私搭乱建。尤其是在“破四旧”中人民群众对历史古迹缺乏保护意识，给历史城区造成了又一次的破坏。

这一时期虽然有以梁思成先生为代表的大批学者在探究北京城历史遗产保护的意义和方法方面做了大量工作，提出了“梁陈方案”等优秀的旧城保护与发展的方案，但收效甚微。当时对历史街区的保护侧重于单个遗址和古迹，且大多是临时保护。北京旧城最终没能作为一个整体保留下来。值得一提的是，大栅栏属于北京旧城外围地区，经济发展水平整体较低，资金缺乏，反而使得大多数民居建筑得以保存和延续。

3.1.3.2 保护意识觉醒期（1978—1998）

改革开放后，发展经济的各项工作逐渐展开，国家对北京城市发展的认识进一步深化。首先是看到北京“不一定要发展为全国的工业中心”，自此首都作为政治和文化中心的定位得到确立。其次，随着对历史文化遗产的保护意识逐步加强，建筑环境的历史保护等问题也开始得到重视，一系列规划方案和保护政策相继出台。例如，国务院 1982 年公布了第一批历史文化名城，思路开始从侧重单体建筑保护向整体环境保护转变。

1983 年，中共中央、国务院原则同意《北京城市建设总体规划方案》(后简称《方案》)。《方案》第八部分分四条论述了历史文化名城的保护与发展，强调对城市的全面保护，并首次公布了历史文化保护区名单，大栅栏地区是其中之一。《方案》规定由建设部负责对历史文化名城的保护，由国家文物局负责古迹的维修和保护。相应的保护规划方案也相继推出。1990 年，大栅栏街、琉璃厂西街和琉璃厂东街成为北京市首批历史文化保护街区，保护修缮模式主要是还原历史风貌和引入商业旅游，这种模式的推行在当时是一种新鲜的尝试，给原有的经济模式注入了活力。后来，这一模式在其他历史街区的推广实践也取得了一些成果。

1994 年，北京市政府发布《北京城市总体规划（1991 年至

2010 年)》，明确“保护和发扬历史文化名城的优良传统，创建社会主义中国首都的独特风貌”，提出要处理好历史文化名城保护与现代化建设的关系，从旧城格局和宏观环境上保护历史街区，再次强调了对大栅栏等历史文化街区的保护。

3.1.3.3 保护发展矛盾期（1998—2008）

20 世纪 90 年代，大栅栏地区开始推进“危旧房改造”工程，很大程度上改善了居民的住房条件。但在危改实施的过程中，一方面，统一规划与重建的方式造成了大量胡同的成片拆除，现代小区的建设使历史街区内原生的胡同肌理和传统风貌遭到严重破坏；另一方面，由于以往在追求经济发展的过程中，对引入的文化旅游开发没有加以有效控制，商业旅游对利益的追求对大栅栏地区造成了相当程度的破坏（王世仁等，2010）。

2002 年，北京市政府批准了《北京旧城 25 片历史文化保护区保护规划》(后简称《规划》)，重新划分了历史街区边界，并对历史地区新建建筑风格、建筑高度等指标进行限制。《规划》提出禁止随意拆毁历史建筑，应该按照建筑的性质保护建筑风格，确保新建建筑与历史建筑统一风貌，以循序渐进的方式进行历史街区更新，保留历史街区的文化特色，保持其历史延续性，提高基础设施和环境的质量并鼓励公共参与。2005 年公布的《北京城市总体规划(2004—2020 年)》提出，历史文化遗产是历史文化名城保护的核心，要最大限度恢复和强化历史街区传统历史风貌。

3.1.3.4 多元化保护期（2008 年至今）

2007 年，《北京市“十一五”时期历史文化名城保护规划》确定了历史街区的保护策略，变“大拆大建”为“有机更新”，严格控制历史街区的开发强度和建设总量，城市建设由开发商主导向政府主导转变，资金来源由开发商投资向政府资助、市场融资、居民筹资等多渠道转变。自此，大栅栏地区的规划与改造也由过去的严格控制性的规划开始向以规划引导为主的更新计划和环境提升工程转变。

3.2 人口与居民生活情况

由于统计数据有限，1949 年前后的人口总量数据不具有可比性，但人口密度数据具有一定参考价值。从明朝末年到 20 世纪 60 年代，大栅栏地区的人口密度逐渐增加（见表 3-1）。1964 年，大栅栏地区的人口密度为每平方千米 60234 人，人口密度极高。20 世纪 60 年代以后，大栅栏地区常住人口数量和人口密度逐渐下降。根据 2010 年的第六次全国人口普查结果，大栅栏地区常住人口密度下降至每平方千米 57604 人。1949 年以前，大栅栏地区的人口性别结构失衡，男性人口约为女性的 2 倍。

表 3-1 大栅栏所属区域平均每户人口和户密度的演变

年份	行政区	面积（平方千米）	户平均人口（人/户）	户密度（户/平方千米）
1917	外右一区	1.255	5.2	5459.68
	外右二区	1.388	6.1	5296.31
1928	外二区	2.625	5.9	5742.10
1936	外二区	2.652	5.4	5831.07
1946	外二区（第九区）	2.274	5.8	7540.46
1954	前门区（大栅栏地区）	1.145	4.7	13731.86
1964	宣武区（大栅栏街道）	1.300	4.2	14341.45
1982	宣武区（大栅栏街道）	1.300	3.5	14808.46
1990	宣武区（大栅栏街道）	1.300	2.9	13303.08

（续表）

年份	行政区	面积（平方千米）	户平均人口（人/户）	户密度（户/平方千米）
2000	宣武区（大栅栏街道）	1.270	2.5	12657.48
2010	西城区（大栅栏街道）	1.260	2.6	22155.56

资料来源：内务部统计科编制：《内务统计·民国六年分京师人口之部》第 1 册，1920 年；S. Gamble, *Peking: A Social Survey*, New York: George H. Doran Co., 1921；孙冬虎：《北京近千年生态环境变迁研究》，北京：北京燕山出版社 2007 年版；北京市宣武区大栅栏街道志编审委员会编：《大栅栏街道志》，1997 年，经作者整理。1946 年外二区面积数据参见北平市工务局：《北平市都市计划设计资料（第一集）》，1947 年，北京大学图书馆旧报刊室藏。

民国时期，大栅栏地区的户密度在每平方千米 8000 户以下（见表 3-1），居住空间相对宽裕。虽然近年来大栅栏地区常住人口数量明显下降，户数却迅速增加，居住空间越来越拥挤。原因之一是居民家庭结构逐渐小型化；原因之二是随着大量市属、区属和街道属的企事业单位迁出，大栅栏地区集体户口越来越少；原因之三是，伴随外来人口的增加，许多北京本地人将院落的房屋重新分割改造，出租给外地人。

历史上大栅栏地区人口年龄结构变化很大（见表 3-2）。20 世纪 30 年代，大栅栏地区青壮年居多，1930 年，大栅栏地区青壮年（20—34 岁）人口占比高达 62.17%，学龄人口和老龄人口都较少。1949 年前后大栅栏地区学龄人口变多，1948 年，5—14 岁人口比例高达 18.54%，老龄人口比例也有所增加。此后，老龄化程度越来越高。2010 年人口普查数据显示，60 岁以上老年人的比例为 14.97%，55—59 岁的即将进入老龄阶段的人口占比也高达 8.27%，社区目前已经成为老龄化社区。

改革开放以来，大栅栏地区外来人口逐渐增多。1994 年大栅栏街道的统计数据显示，外来人口（流动人口）为 13078 人，其中来自北京郊县600人，来自外省、自治区、直辖市12448人，来自中国港澳台地区和其他国家30人；外来人口中育龄妇女2305人。外来人口多为来自农村的进城务工人员，以中青年为主。

表3-2　大栅栏地区人口年龄结构演变（百分比）

年份	年龄										
	0岁	1—4岁	5—9岁	10—14岁	15—19岁	20—34岁	35—54岁	55—59岁	60—64岁	65—69岁	70岁以上
1930	1.28		2.97	5.07	4.19	62.17	21.01	2.03	1.28		
1948	0.57	9.44	10.47	8.07	17.74	29.42	15.84	3.16	2.99	1.91	0.39
2010	0.56	2.11	2.13	2.15	4.44	29.23	36.14	8.27	4.13	2.26	8.58

资料来源：作者整理相关统计资料绘制。其中，1930年的数据引自《冀察调查统计丛刊》1936年第1卷第6期，第5页。1948年的数据引自《北平市政统计（民国三十七年第一季公务季报）》，1948年，第16—17页。

根据本研究调查数据，2015年大栅栏地区居民和住房结构如表3-3所示，平均每户3.07人，平均年龄50.8岁，大栅栏地区居民以中老年为主。

表3-3　大栅栏地区（含前门街道和大栅栏街道）居民和住房结构

项目	中位数	平均值	平均值的置信区间	标准差	最小值	最大值
居民年龄（岁）	52	50.8	48.2—53.5	15	16	87
住宅面积（平方米）	19	26.2	20.9—31.6	29.9	6	269
院落户数（户）	6	8.70	7.14—10.25	8.45	1	44
每户常住人口（人）	3	3.07	2.87—3.28	1.14	1	9

资料来源：作者根据调研结果整理绘制。

2015年大栅栏地区居民月人均收入为5322.81元，年收入约6万元，低于西城区统计数据中同年家庭年人均收入（67492元/人）。该地区居民月平均支出为3235.14元（见表3-4），与全区平均水平差不多，但消费结构差异明显，例如，居民食品月平均支出为

1845.27 元（见表 3-4），占整体月支出的 57.04%，远高于全区平均水平的 21.5%。另外，该地区不同年龄阶段的居民生活支出比例差异很大（见图 3-6），居民生活支出比例最高达 18.5%，最低仅 1%。

表 3-4 社区居民支出情况（元）

项目	平均值	最小值	最大值
月支出	3235.14	700	8000
食品月支出	1845.27	400	4000
月收入	5322.81	2000	20000

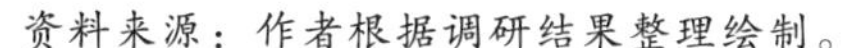
资料来源：作者根据调研结果整理绘制。

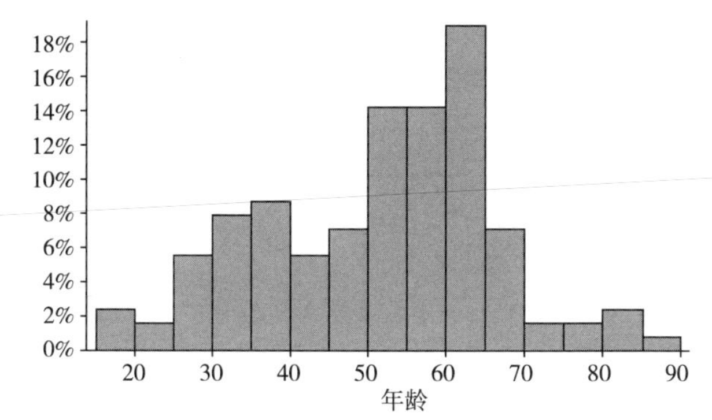

图 3-6 大栅栏地区（含前门街道和大栅栏街道）住户分年龄生活支出比例

资料来源：作者根据调研结果整理绘制。

3.3 受教育水平与职业状况

受教育水平和职业状况是人口素质结构情况的主要内容，也是影响历史城区生活、生产与消费的关键。民国时期大栅栏地区人口受教育水平差异大，据 1947 年《北平市政统计》数据显示（见表 3-5），在位于外城的五个区中，大栅栏街道所在的外二区受教育程度较高，接受过高等小学及以上教育的人口比例为 54.73%，而外五区只有 20.43%。与内一区相比，外二区虽然在受教育程度为高等小学及以上人口比例上有优势，但其不识字的人口比例也较高。与内五区相比，外二区在接受高等小学、初中、高中教育的人口比例上有优势（内五区 25.83%），但在接受高等教育的人口比例上无法与拥有辅仁大学且邻近北京大学的内五区相比。

表 3-5　1948 年北平市主要城区六岁以上人口受教育程度比例（%）

	高等教育	高中	初中	高小	初小	私塾	不识字
第九区（外二区）	2.36	15.42	16.29	20.66	5.87	3.19	36.22
第十二区（外五区）	0.48	1.14	5.30	13.51	23.08	15.53	39.97
第一区（内一区）	4.01	11.47	12.13	16.57	17.30	13.52	25.00
第五区（内五区）	14.90	8.56	8.07	9.20	13.41	28.53	17.32

资料来源：《北平市政统计（民国三十七年第一季公务季报）》，1948 年，第 18—19 页。表格由作者整理绘制。

说明：其中从高等教育到初小各级教育程度都包含毕业和肄业（肄业包含在读学生）两类，本表合并统计。

1949 年以后，大栅栏地区人口的受教育水平逐年提升，人口素质显著提高（见表 3-6）。到 2010 年人口普查的时候，大栅栏街道受高中及以上教育的人口比例达到 53.03%，文盲、半文盲比例仅为 2.39%。

表 3-6　大栅栏街道人口受教育程度比例（%）

年份	大专以上	高中	初中	小学	文盲、半文盲
1982	4.24	27.64	35.61	22.71	9.79
1990	8.12	28.24	31.74	22.63	9.28
2010	20.66	32.37	34.53	10.05	2.39

资料来源：应宝国主编：《北京市第四次人口普查手工汇总资料》，北京：中国统计出版社 1991 年版；北京市西城区第六次人口普查领导小组编：《北京市西城区 2010 年人口普查资料》，北京：北京出版社 2011 年版。表格由作者绘制。

2014年的调查数据显示，大栅栏地区居民受教育水平有显著提高。参与调查的受访者受教育水平如表3-7所示。其中，具有初、高中学历的人数最多，分别占34.45%与38.38%，受过高等教育的人数相对较少，占15.97%。

表3-7 居民受教育水平

受教育程度	频数	百分比（%）
小学及以下	40	11.20
初中	123	34.45
高中	137	38.38
本科	50	14.01
研究生及以上	7	1.96
总计	357	100

资料来源：作者根据调研结果整理绘制。

自清朝以来，大栅栏地区从事商业的就业人口比例较高。1912年，大栅栏所处的外右二区商业从业者为13294人（见表3-8），占商业从业者总数的56.04%。

表3-8 1912年大栅栏地区人口职业构成（人）

	总计	议员	官吏	生徒	记者	律师	教员	医士	商业	工业
外右一区	17975	69	242	1321	30	24	65	52	10429	5743
外右二区	18644	12	351	1528	7	8	95	53	13294	3296
合计	36619	81	593	2759	37	32	160	105	23723	9039

资料来源：内务部统计科编制：《内务统计·京师人口之部》，1916年。表格由作者绘制。

值得注意的是，1912年的人口职业统计中有“生徒”一项。生徒是参加科举考试的生员，大栅栏地区各地会馆众多，外地的学子进京赶考大多会选择在各地的会馆中休息、学习，故而生徒人数很多。此外，民国成立前后大栅栏地区还出现了不少新兴的职业，如记者、律师等（见表 3-8）。

民国中后期，大栅栏地区人口的职业结构发生了巨大变化，1948 年北平外二区从事商业活动的人数与 1936 年相比锐减（见表 3-9），人们大多从事重体力劳动，农业、矿业和交通运输业的从业人口大幅增加。由于战乱，整个地区商业凋敝。据 1939 年 1 月 15 日的《北平晨报》报道，1938 年 10 月至 12 月有 1616 家店铺歇业。这也影响到了人们的生活水平，或许也是大栅栏地区成为北京低收入者聚居区的历史原因之一。

表 3-9 1936 年、1948 年大栅栏地区十二岁以上人口职业构成（人）

年份	区域	总计	农业	矿业	工业	商业	交通运输	公务	自由职业	人事服务	其他	无业
1936	外二区	94966	28	13	8069	14538	45	136	7442	5152	14553	49794
1948	外二区	76430	3390	1026	4800	3093	3615	9745	5920	21945	12014	10882

资料来源：《北平市政统计（民国三十七年第一季公务季报）》，1948 年，第 20-21 页；《北平市政府公安局户口统计（民国二十五年）》，1936 年，第 53 页。表格由作者绘制。

20 世纪 90 年代以后大栅栏地区居民就业情况如图 3-7 所示：1990 年，大栅栏地区从事制造业、零售业的居民较多，分别占 37.0%和 14.9%。2010 年，从事制造业的人数明显减少，从事零售业的人口比例增加到 28.7%；从事住宿、餐饮等服务业的人口明显增多，说明更多的居民从第二产业转向了第三产业。大栅栏地区居民职业结构与 1990 年相比趋于多样化、分散化和服务化。

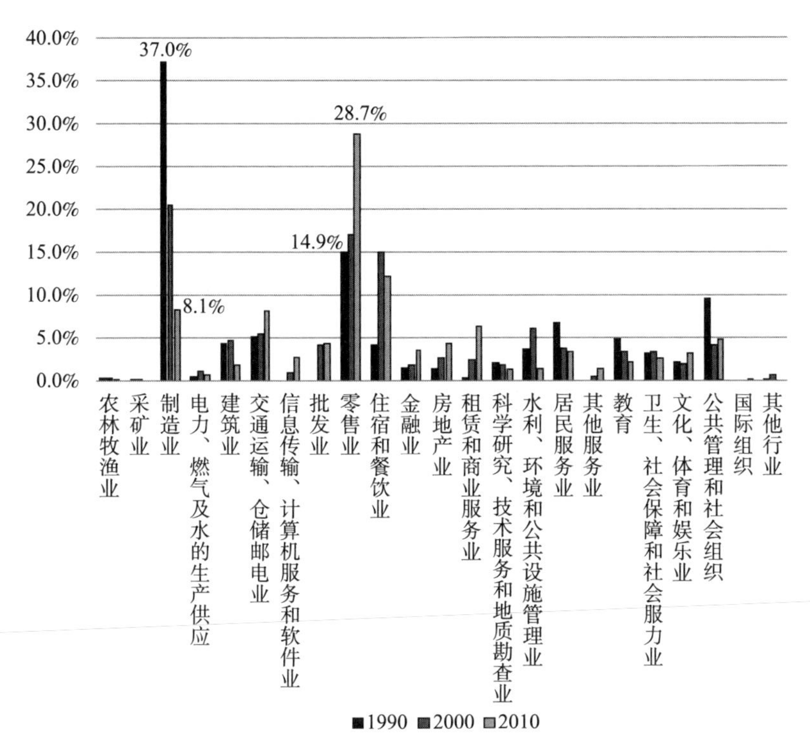

图 3-7 大栅栏地区居民职业比例图（%）

资料来源：根据 1990 年、2000 年、2010 年人口普查资料中的数据整理、绘制。其中，1990 年人口分职业统计为完全抽样，2000 年抽样比例为 9.7%，2010 年抽样比例为 10%。

本章参考文献

[1]（清）查慎行：《人海记》，北京：北京古籍出版社 1989 年版。

[2] 北京市宣武区大栅栏街道志编审委员会编：《大栅栏街道志》，1997 年。

[3] 侯仁之、岳升阳主编：《北京宣南历史地图集》，北京：学苑出版社 2008 年版。

[4] 罗保平：《明清北京城》，北京：北京出版社 2000 年版。

[5] 孙冬虎：《北京近千年生态环境变迁研究》，北京：北京燕山出版社 2007 年版。

[6] 唐晓峰：《从混沌到秩序：中国上古地理思想史述论》，北京：中华书局

2010 年版。

[7] 王世仁主编:《宣南鸿雪图志》，北京：中国建筑工业出版社 1997 年版。

[8] 王世仁、吴三英、李剑波、关丽娟:《在发展中保护古都风貌的一次实践——前门大街改造纪事》,《当代北京研究》2010 年第 1 期。

[9] 王永斌:《北京的商业街和老字号》，北京：北京燕山出版社 1999 年版。

[10] 王永斌:《前门史话》，北京：中华书局 2006 年版。

[11] Gamble, Sidney D., *Peking: A Social Survey*, New York: George H. Doran Co., 1921.

第4章

历史城区空间生长与重构

4.1 街巷格局历史演变

4.1.1 政权与政治的影响

忽必烈定都北京以后，营建元大都（见图 4-1），大栅栏地区位于元大都丽正门的南边。元大都的粮食物资主要依靠南方供给，但起初南方物资只能通过大运河运到通州，然后陆路运输至大都，耗资巨大。至元二十八年（1291），在郭守敬的建议下，忽必烈决定开凿从通州到大都的运粮河——通惠河。这一段运河于两年后完工，从此南方的商旅可以直接贩货至元大都。这些商人到达元大都后，有相当一部人便在丽正门外搭建棚房，进行贸易活动。据《析津志》记载，元大都丽正门外有菜市、草市，商业日渐兴起，大栅栏地区的建设由此起步。

大栅栏地区邻近明北京城正阳门（前门）。为振兴都城，明朝统治者将南方大户迁到北京发展经济。据《大栅栏街道志》记载，明永乐初年（1403），在正阳门附近营建民房（旧称廊房），开辟经商场所，形成廊房头条、二条、三条、四条（大栅栏街原名）。永乐二十年（1422），设立琉璃厂。嘉靖三十二年（1553），京师外罗城完工，本地区在外罗城内。万历至崇祯年间（1573—1644），外城设“八坊”，本地区属“正西坊”。至此，大栅栏地区的街道空间格局基本形成。据《北京街巷图志》的记载，大栅栏地区的胡同大约有三分之二是明朝修建外城后发展起来的。

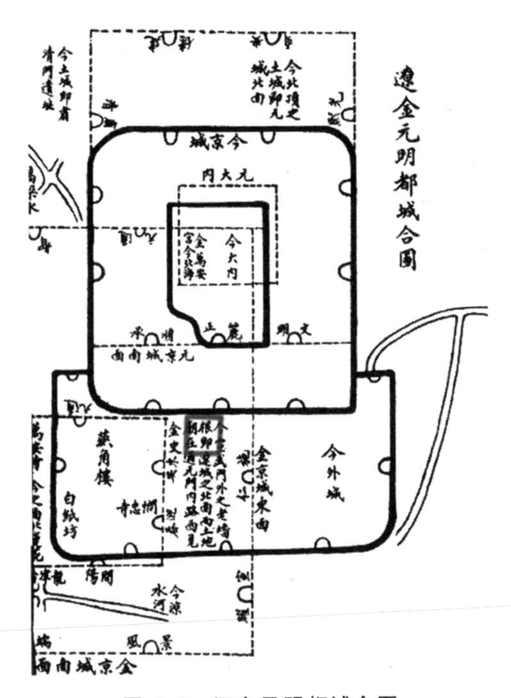

图 4-1　辽金元明都城合图

资料来源：陈宗蕃编:《燕都丛考（第一编）》，北京：中华印字馆 1930 年版，第 47 页。

大栅栏地区街巷的宏观布局，在明代确立了基本构架，清代进一步充实完善，民国以后则属于局部的调整时期（孙冬虎，2004）。清朝入关定都北京，几乎完全继承了明朝时北京城作为都城的格局。清朝统治者将内城划为八旗驻地，将原在内城居住的其他民族居民迁到外城或者其他地区。这一时期，人们在大栅栏地区新建了约四分之一的胡同街巷。为了加强治安，清康熙九年（1670），在外城各胡同口设置栅栏，有专人管理，禁止无故夜行，于是廊房四条便被改称大栅栏并流传至今。同时，清代原来的棚房加以改造，逐渐形成正式的房屋。随着经济的发展和人口的不断增加，这里的街巷在民国时期又进行了增建（张金起，2008）。后来虽有所整治，但大栅栏地区的这一整体街巷空间格局延续至今（见表 4-1）。

表 4-1　北京街巷图志里记载的正西坊的街巷胡同

1. 西河沿（今前门西河沿街）	18. 蔡家胡同（今同）
2. 佘家胡同（今同）	19. 安南营（今大安澜营胡同）
3. 汾州营（今汾州胡同）	20. 延寿街（今延寿胡同）
4. 三眼井（今三井胡同）	21. 施家胡同（今同）
5. 廊房胡同（今廊房头条）	22. 张善家胡同（今掌扇胡同）
6. 廊房二条胡同（今廊房二条）	23. 云居寺胡同（今云居胡同）
7. 廊房三条胡同（今廊房三条）	24. 井儿胡同（今湿井胡同）
8. 廊房四条胡同（今大栅栏街）	25. 干井儿胡同（今甘井胡同）
9. 羊肉胡同（今耀武胡同）	26. 杨毡胡同（今樱桃斜街）
10. 柴胡同（今茶儿胡同）	27. 马神庙街（今培英胡同）
11. 扫帚胡同（今笤帚胡同）	28. 车营儿（今车辇胡同）
12. 取灯胡同（今同）	29. 煤市口（今煤市街）
13. 炭胡同（今炭儿胡同）	30. 筒子胡同（今桐梓胡同）
14. 斜街（今杨梅竹斜街）	31. 朱家胡同（今同）
15. 琉璃厂东门（今琉璃厂东街）	32. 留守卫营（今青风夹道）
16. 观音寺（今大栅栏西街）	33. 石头胡同（今同）
17. 王皮胡同（今同）	34. 正阳门大街（今前门大街）

资料来源：王彬、徐秀珊：《北京街巷图志》，北京：作家出版社 2004 年版，第 170—173 页，经作者修改。

大栅栏地区胡同数量伴随着城市的发展而逐步增加，由明嘉靖年间的 53 条，逐渐增加至中华人民共和国成立初期的 156 条（见表 4-2）；后来经过 1965 年全市范围的街巷整顿，调整为 114 条街巷；到 2003 年底，大栅栏地区有胡同 110 条（段柄仁，2007）。大栅栏地区的街巷普遍较窄，大部分宽度在 2—5 米，其中钱市胡同的最窄处仅 44 厘米。

表 4-2 大栅栏地区街巷胡同数量演变

年份	胡同数	来源
1560（明·嘉靖）	53	张爵《京师五城坊巷胡同集》
1885（清·光绪）	93	朱一新《京师坊巷志稿》
1931（民国）	101	陈宗蕃《燕都丛考（第一编）》
1958	156	《大栅栏街道志》

4.1.2 居民自下而上形成的“斜街”

斜街是最富大栅栏地区街道特点的部分。一般街道的形成应具备这样的条件，即长期的一定方向的集中人流[①]。人流带动道路沿街商业的发展，并进一步促进相应配套设施的提升，随着设施的增多完善，最终在路两旁形成稳定的建筑界面和街道。大栅栏的斜街并非单纯地受命于皇权圣旨，而是自上而下的规划和自下而上的自发建设过程共同作用的结果。

元代，王公贵族等上流人士首先从金中都迁移到元大都，平民百姓则先暂留南城居住。至元末期，南城仍然有大量平民百姓聚居于此。同时，由于商业活动和社会生活的惯性，大部分商业仍滞留在金中都地区，为元大都提供一定程度上的货物供给。新城与旧城之间人货往来推动了大都和南城之间很多通道的形成，从前门到旧城东墙北门（施仁门，在今宣武门附近的魏染胡同南端）走斜路最近，而那时候北京外城没有建筑，后来行走的人多了，就逐渐有了建筑，随着建筑的不断修建，逐渐演化成若干由西南斜向东北的商业街市，如大栅栏西街、铁树斜街、樱桃斜街、杨梅竹斜街、棕树斜街等。这些斜街是商业往来的必经之路，也成为大栅栏商业区发

① 佐克西亚季斯提出力动体（force-mobile）的概念，指出所有形成聚居的力的总和构成了聚居中的力的结构。两个聚居区之间（特别是有一定功能分工的聚居区之间），依据近便的路线原则，最容易形成集中人流，可以认为两聚居区之间有力的作用，力作用的区域产生道路，路的方向与力的方向一致。

展的基础和大栅栏地区街道结构的骨架。

明万历年间的兵部尚书王象乾撰写的《建玉帝殿碑记》里提到，斜街“乃龙脉，交通车马辐辏之地也”。古建筑学家王世仁先生也强调了斜街在连接金元两朝新旧两座皇城方面的地理位置的重要性。王世仁先生认为大栅栏地区斜街的形成是元大都与原金中都之间人员货物往来的结果。“1271 年……在建造新城大都和旧城中都之间，用现在的话说，(中都）就是建成区，(大都）应该是开发区了……中都的人要往元大都搬家，要走，所以逐渐形成了这么多我们大家所知道的斜街……就是因为新旧两都之间的人员来往……”①

4.2 更新与改造

大栅栏地区的街巷格局从明末到民国初年的变化并不是很大。但近百年来，两次街巷开通和拓宽工程对大栅栏地区的街巷格局产生了深远影响。1924 年冯玉祥发动北京政变，上台后任命鹿钟麟为京畿卫戍总司令，修建了和平门，并将和平门外明沟填平修路，形成贯通南北的街道，即南新华街和北新华街，这使得大栅栏地区西侧出现一条主干路。2005 年 1 月，大栅栏地区启动了煤市街拓宽改造工程，该工程于 2006 年完工。大栅栏街道由此被一条主干路一分为二，交通便利的同时也打破了原始的坊巷格局，疏远了煤市街以东社区与街道主体的联系。

中华人民共和国成立后，北京市政府对该地区进行了更新改造。通过对《大栅栏街道志》等材料的梳理，我们可以把大栅栏地区的改造分为四个时期：第一个时期是 1949 年到“文化大革命”前，主要是拓宽道路和整洁市容市貌，改善交通和卫生条件，进行

① 王世仁先生在“大栅栏地区保护、整治与发展规划方案征集工作中期研讨会”上的讲话（2002 年 11 月 6 日至 7 日）。

社会主义改造，拆除和整改牌楼、老店铺，其中一次较大规模的改造是 1965 年的街巷胡同整顿；第二个时期是“文化大革命”期间，经济和社会秩序遭受破坏，大栅栏地区的整治改造较少，1976 年唐山大地震对这一地区的老旧房子造成了破坏，其后进行了抢修；第三个时期是 1978 年到 2000 年以前，大栅栏地区的改造开始起步，20 世纪 80 年代地区经济衰败，商业没落，建筑老化，20 世纪 90 年代后国家开始重视规划与整改，进行了危房改造；第四个时期是从 2000 年开始，特别是申奥成功后，大栅栏地区进入大规模更新改造的时期，该地区被规划为历史文化保护区，作为文化旅游商业区来发展，陆续引入整体改造项目，大面积的危房改造项目也同时启动，针对小片区的点改造项目逐渐增多，对改善市政基础设施的重视程度也有所上升。

大栅栏地区在 2000 年以后经历了几次较大规模的城市更新，大幅度的改造在一定程度上解决了大栅栏地区面临的问题，但同时也对该地区的历史风貌造成了一定的破坏。除了频繁的道路修补、沿街建筑改造和道路拓宽之外，该地区还分别在 2002 年和 2007 年进行了两次较大规模的改造。

2002 年上半年，大栅栏地区被确定为北京市 25 片历史文化保护区规划建设的试点地区之一。清华大学、中国城市规划设计研究院，以及来自日本、美国等的具有一定旧城改造保护经验的国外设计单位应邀参与大栅栏地区保护、整治与发展规划的方案设计工作。经过数轮讨论、征求意见与修改，于 2003 年公布了《北京大栅栏地区保护、整治与发展规划》。为保证大栅栏地区以及整个北京城历史文化的完整性，规划中的“大栅栏国粹商业区”由 9 条横街和 3 条纵街组成。具体规划范围为北起廊房头条，南至云居胡同，东起粮食店街、珠宝市街，西至煤市街，占地总面积为 17 公顷。整治、恢复历史文化景点 17 处、重要历史文化街巷 13 条，修缮、整合、再利用的历史遗存建筑有商铺 43 个、寺庙 16 座、会馆及文化设施 17 处、茶室 10 处，名人故居保留 12 处、迁建 6 处，保护、修缮民居四合院住宅约 100 处。

2005 年 1 月，为了缓解大栅栏地区的交通压力，北京市启动了煤市街的拓宽改造工程，把煤市街道路红线宽度拓展至 25 米。改造后的煤市街全长 1078.8 米，为城市次干路。供水、供电、煤气、通信、排水等基础设施管线随着道路工程的施工同时铺设。工程耗时近两年，耗资 4.5 亿元，拆迁居民 700 余户，拆迁单位 60 多个，并于 2006 年 11 月完工。

2006 年 11 月，大栅栏区域北侧的月亮湾改造工程正式竣工，月亮湾绿化广场占地 1.03 公顷，包含三个市民广场，极大地提升了附近的环境品质（见图 4-2）。

图 4-2　改造后的大栅栏月亮湾广场

资料来源：作者拍摄。

2007 年 5 月，大栅栏商业街正式启动了以房地产开发为导向的旧城更新。由崇文区政府牵头，SOHO 中国有限公司负责招商，在《北京前门大栅栏地区保护、整治、复兴规划（说明书）》的指导下，对大栅栏地区进行改造。改造建设工作按照近期和中长期规划，分环境建设、市政建设、业态整理三个方面进行。改造建设工作过程中，大栅栏商业街路面进行了重新铺装和排水管道建设。历史建筑按照“文物修复、保护修缮、风貌整饬、改造整治”的原则被分为四类，采取不同的做法进行改造和修复，对临街 43 栋建筑进行了立面整治。其中，文物修复类建筑有宜诚厚、瑞蚨祥等 4 处，保护修缮类建筑有狗不理、瑞蚨祥鸿记、广德楼戏院、步瀛斋、张一元茶庄、同仁堂药店等 12 处，风貌整饬类建筑有北京大栅栏工艺美术品商行、上海张小泉刀剪总店等 18 处，改造整治类建筑有大栅栏一百商场、首都照相、眼镜专营店等 9 处。改造后，该地区还引入了许多国际品牌。

由于之前的大规模改造模式备受争议，2008 年北京奥运会后，大栅栏地区进行了“循序渐进”的小规模修补式更新。例如，2008 年，大栅栏投资有限责任公司对珠宝市街、粮食店街的商铺进行改造，在此过程中使用了不少原来老房子的建筑材料，特别是用旧砖来贴外墙，努力恢复清末民初的历史风貌。这一年，大栅栏地区还对韩家胡同、樱桃斜街、铁树斜街、五道街、堂子街五条胡同进行整治。2011 年，大栅栏投资有限责任公司作为实施主体发起“大栅栏更新计划”，与主办单位合作，于北京国际设计周期间共同举办“大栅栏新街景”设计之旅系列活动，邀请中外优秀设计和艺术创意项目进驻老街区。这次改造项目的一大特点是增加了原居民的参与，到 2013 年区域内初步形成三井社区的原生态社区聚落、杨梅竹斜街的文化街区聚落和大外廊营厂房艺术节点聚落。2012 年，当地对茶儿胡同 19—21 号进行改造，将其改造成茶室与按摩、足浴等多功能的商业休憩场所，增加了开放的游憩空间，改善了环境。同年，三井胡同 21 号改进项目实施，项目甲方北京大栅栏开发公司将三井胡同 21 号院改造成一个高端品质的文化创意空间并建设了小剧场。

本章参考文献

[1] 北京市宣武区大栅栏街道编委会编:《大栅栏街道志》，1997 年。

[2] 陈宗蕃编:《燕都丛考（第一编)》，北京：中华印字馆 1930 年版。

[3] 段柄仁主编:《北京胡同志》下册，北京：北京出版社 2007 年版。

[4] (明) 张爵:《京师五城坊巷胡同集》，北京：北京古籍出版社 1982 年版。

[5] (清) 朱一新:《京师坊巷志稿》，北京：北京古籍出版社 1982 年版。

[6] 孙冬虎:《大栅栏地区街巷名称的变迁及其历史地理背景》,《北京社会科学》2004 年第 4 期。

[7] 王彬、徐秀珊:《北京街巷图志》，北京：作家出版社 2004 年版。

[8] 张金起:《百年大栅栏》，重庆：重庆出版社 2008 年版。

第 5 章 历史城区文化繁衍与社会发展

5.1 文化繁衍

文化是历史城区的“魂”，文化传承、文脉延续是历史城区有机再生的根本。从元代兴起到现在，大栅栏地区形成了独特的地域文化，多种文化在这里交融发展，包括商业文化、文玩文化、会馆文化和梨园文化等等。

5.1.1 商业文化

商业是大栅栏地区的发展基础，也决定了商业文化始终影响着这一地区的发展。这里自元代开始出现商贸活动，明代营建廊房发展商业，清代以后店铺林立，逐渐形成众多著名的老字号。商业始终主导着这里的发展，形成了煤市、鞋帽市、服装市、粮食市、珠宝市、钱市等。现在，这里的知名商铺有：一条龙羊肉馆、全聚德、都一处、正阳楼饭店、正明斋饽饽铺、天兴居、六必居等餐饮、食品老字号；内联升鞋店、马聚源帽店、“黑猴儿”毡帽店、盛锡福帽店、瑞蚨祥绸布店等鞋帽绸布老字号；同仁堂、长春堂等药店老字号；大北照相馆、精明眼镜行、亨得利钟表、把子许、顺兴刻刀张、天蕙斋鼻烟铺、亿兆百货商店等。这些老字号店铺经营有道，产品质量有保证。众多老字号汇集于此，提升了区域产品名气，同时活跃了整个地区的商业氛围。

清光绪二十六年（1900），义和团火烧大栅栏，损失惨重，据记载，当时有几千家店铺被烧。后来京奉铁路和京汉铁路在前门设站，带来巨大人流，商业重现繁荣。但是由于清末西方列强入侵，加之后来民国时期时局动荡不安，大栅栏地区商业日益衰落。中华人民共和国成立后，区域内商业经历了社会主义改造，私营店铺转为公私合营。“文化大革命”期间，商业遭到破坏，很多老字号被更换店名。改革开放后，老字号的经营得到恢复，这一区域的商业活力也日渐复苏。如今，很多外来人口涌入这里，主要从事低端服务业、商业。整个区域被规划定位为文化旅游商业区，商业氛围浓厚。

5.1.2 文玩文化

清代乾隆年间修编《四库全书》促进了大栅栏地区琉璃厂一带书业的兴盛发展。后来，经营文房四宝、古玩字画和民族乐器等文化商品的店铺兴起，形成了驰名中外的文化商品一条街，以吕祖祠、海王村公园、厂甸和火神庙等地为核心地带，举办庙会时吸引了大量商贩在此摆摊售货。

据《大栅栏街道志》记载，自 1912 年开始，新式书店发展迅速，由上海（书业）总局北平分局开设的书局，遍布东、西琉璃厂及杨梅竹斜街，随后各色书铺迅速发展。至 1943 年，曾在此营业的古旧书铺达到 102 家，古玩字画店铺在中华人民共和国成立前夕达到 66 家，经营文房四宝的店铺有 70 余家，乐器店铺有 10 余家，这一时期该地区的文玩文化业发展达到历史的最高峰。中华人民共和国成立后，实行公私合营，大量商店改造合并。后来，受“文化大革命”及破“四旧”的影响，这一地区的文玩行业几度遭到破坏。改革开放后，文玩行业得到些许恢复。目前，大栅栏地区的文化旅游逐渐兴起，文玩行业在这一地区又有新的发展。

5.1.3 会馆文化

从明朝开始，各地官绅、商人为了照顾同乡经商、应试，相互联络感情，在北京建立会馆，到清代时会馆迅速发展。清光绪三十二年（1906）“京师商务总会”成立，最初是在虎坊桥路北陈氏的“古藤花馆”（今晋阳饭庄）。1904 年至 1948 年，大栅栏地区先后出现各种行业组织 40 多个，如钱业公会、书业公会、整容业（理发）公会、首饰业公会、金银饰物业公会、照相材料业公会、评剧公会、国剧公会等。如今，这些会馆有的成为文保单位，有的成了普普通通的民房。

中华人民共和国成立前，大栅栏地区会馆云集，104 座会馆分布于 34 条街巷中，主要包括四类会馆：一是工商会馆，是各地商贾和手工业主在北京的货物储存之地、贸易洽谈场所，如小沙土园玉器行的“长春会馆”。二是文人试馆，这类会馆数量最多，明清两代全国每三年举行一次科举考试，大量外地举子前来北京赶考，会馆为举子歇息待考之处，部分落榜者驿居会馆，或读书待考，或落脚谋生。三是行业会馆，是各地同乡同行业组织的活动地点，形成较晚。四是殡葬义馆，这类会馆数量极少，是进京奔丧者的留宿之处，如施家胡同的“三晋会馆”（北京市宣武区大栅栏街道志编审委员会，1997）。如今，大栅栏地区还有零星几处外地驻京办事处，可以看作会馆这一交流沟通场所的延续。

5.1.4 梨园文化

清康熙年间，为防止八旗子弟堕落，朝廷禁止在内城开设戏园，当时北京的戏园主要聚集在大栅栏地区。乾隆五十五年（1790），乾隆皇帝八十大寿，徽班“三庆班”进京演戏祝寿，此后便留在北京演戏并广受欢迎，之后又来了四喜班、和春班和春台班，合称“四大徽班”。“四大徽班”寓居在大栅栏地区，在戏楼、会馆或茶楼演戏，后来逐渐形成十多个专门的戏园，如广德楼。道光年间，汉调进入北京，与徽戏同台演出，后来二者相互交融，形成“黄皮”戏，而后又吸收梆子腔及其他戏种的特色，在清道光二十年至咸丰十年间（1840—1860）形成京戏。清朝末年，大栅栏地区京戏繁盛，特别是在同光年间涌现了程长庚、卢胜奎、张胜奎、杨月楼、谭鑫培、徐小香、梅巧玲、朱莲芬、杨鸣玉、郝兰田、刘赶三、余紫云、时小福等十三位著名演员，被称为“同光十三绝”，还形成了专门的梨园行会——精忠庙。

清光绪三十年（1904），叶春善创办“喜连成”科班，1906年在广和楼戏园演出。光绪三十四年（1908），光绪皇帝和慈禧太后相继去世，大栅栏地区戏园停止演出。第二年戏园恢复演出。1912年清帝退位，戏园市场萧条，而后有所改善：1912年喜连成改称富连成；1930年中华戏曲学校成立；1938年荣春社科班与鸣春社科班先后成立。这些科班长期在大栅栏地区的广和楼、中和园、庆乐园等戏园演出，培养了梅兰芳等许多著名京戏表演艺术家。这一带形成了梨园文化，京戏演员也在这地区居住，如著名武生杨月楼和杨小楼父子、“武旦泰斗”阎岚秋、梨园“冬皇”孟小冬等等。

5.1.5 文化传播

由于大栅栏地区汇集了社会各界人士，并以此为依托形成了一定规模的文化市场，新闻出版等文化产业在这里得到了发展。大栅栏地区在民国时期是典型的“绅士化”商住混合社区，业态先进，报馆、杂志社、商会、同业公会、会馆、娱乐场所遍布各条胡同。该地区是清末至民国时期北京新闻出版业的中心，清光绪二十六年（1900）至民国三十四年（1945），大栅栏地区相继出现报社49家（见图5-1）、广播电台2家，其中著名的有民国七年（1918）由邵飘萍自费创办的《京报》（宣传马列主义，反对军阀统治），光绪三十一年（1905）张展云创办的《北京女报》（中国最早的妇女日报），以及北洋政府广播电台（1927年创办，北京第一个官办广播电台）和中国广播电台（1945年创办）。

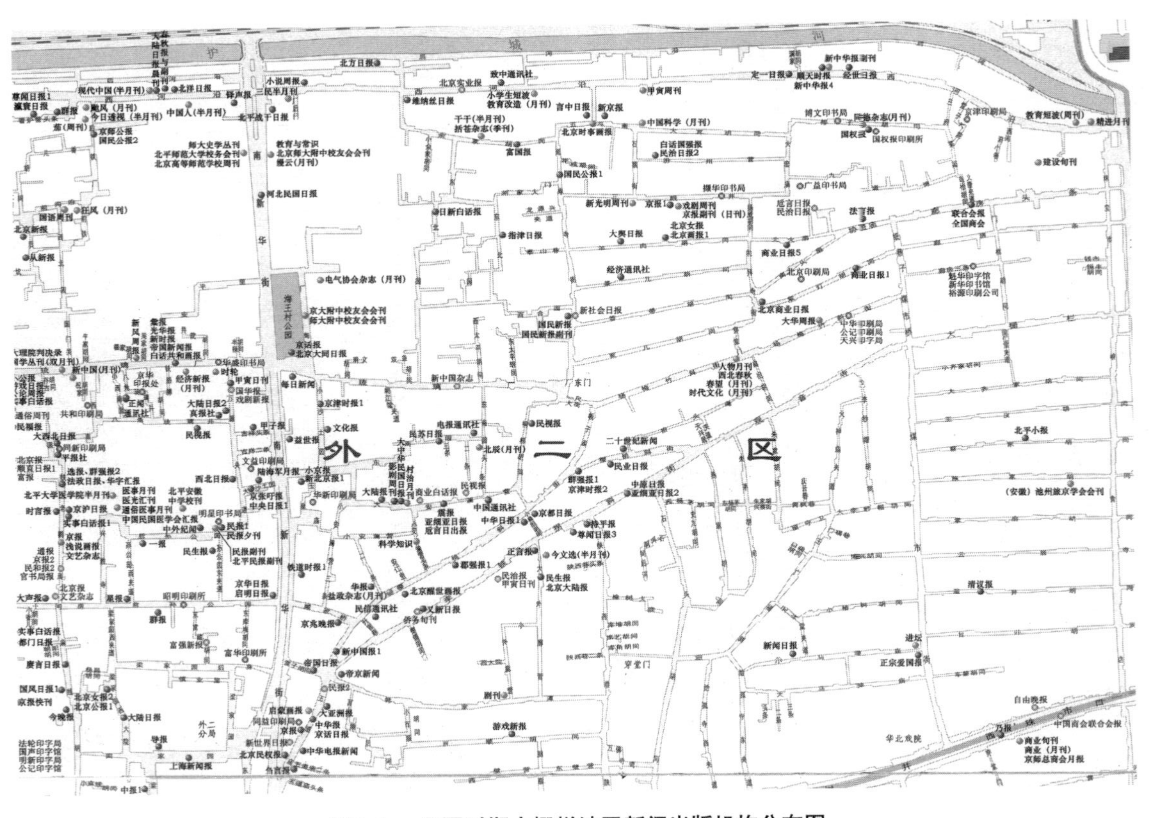

图5-1 民国时期大栅栏地区新闻出版机构分布图

资料来源：侯仁之、岳升阳主编：《北京宣南历史地图集》，北京：学苑出版社2008年版，第66页。

5.2 经济、生活水平与社会发展

5.2.1 社会兴衰

辽金时代，大栅栏地区在都城东郊燕下乡一带，属于农业活动地区。元忽必烈定都北京，营建大都，部分商贩在丽正门外的大栅栏地区进行商贸活动，大栅栏逐渐发展起来。明永乐年间迁都北京，营建北京城，大栅栏地区的人流逐渐增多，道路两侧居民点、建筑日益增加，商业活动日趋兴盛。明初，为振兴经济，鼓励商业与手工业，朝廷在大栅栏等地区搭建廊房，发展商业，该地区经济逐渐活跃，居民点大大增加。嘉靖三十二年（1553），北京增筑外城，该地区属外罗城内。万历至崇祯年间（1573—1644），外城设“八坊”，该地区属于“正西坊”，其社会发展加快。

清康熙年间，为求治安和防止内城的八旗子弟以及官员堕落，内城限制开设戏园，内城的戏园等商业活动迁至大栅栏地区，进一步刺激该地区的发展。这一期间，商业空前繁荣，日常用品、奢侈品、古玩字画、报刊出版等行业大发展，官绅名士、文化人士、演员、商人与普通百姓等社会各类人士汇集于此。但是到了清朝末期，义和团的“庚子年大火”对该地区的居民建筑与商铺造成严重破坏。自此直到中华人民共和国成立前，由于时局动荡、外敌入侵，大栅栏地区日渐衰落。

大栅栏地区居民的生活经历了从贫到富、从富到平民化的过程。1918 年，大栅栏地区所在的外右二区（外二区西半部）是贫困户最少的区域，仅有 0.2% 的贫困人口（Gamble，1921）。在 1930 年的社会调查中，大栅栏地区仍然是贫困户最少的区域（见表 5-1），外二区贫困户比例仅为 1.05%，而内城由于连年动乱，经济不景气，地价和房屋租金不断上涨，大多数人生活勉强为继。可以说大栅栏地区是当时北平城中的“绅士化”社区，人们从事着休闲娱乐、文化传播、新闻出版、法律咨询等现在所谓的第三产业。

表 5-1　民国时期北平各区贫困户比例（%）

区	1928 年	1930 年	社区特征
内一区	10.76	5.20	中等
内二区	13.64	8.70	中等
内三区	24.93	22.69	下等
内四区	26.43	26.34	下等
内五区	39.89	22.55	下等
内六区	28.83	17.60	下等
外一区	3.98	0.50	中上等
外二区	1.90	1.05	中上等
外三区	26.13	20.94	下等
外四区	30.66	23.84	下等
外五区	13.55	0.78	中下等
东郊	19.76	21.82	下等
西郊	21.54	12.18	下等
南郊	35.28	20.45	下等
北郊	17.48	13.06	中下等
全市	**21.39**	**15.03**	

资料来源：牛鼐鄂：《北平一千二百贫户之研究》，《社会学界》1933 年第 7 期；申报年鉴社编：《申报年鉴（民国二十二年）》，1933 年；北平市社会局统计室编：《北平市社会行政统计》第一期，1947 年；冀察政务委员会《北平市公安局各区人口调查表》，1930 年；孙冬虎：《北京近千年生态环境变迁研究》，北京：北京燕山出版社 2007 年版。

说明：当时的北平市公安局对贫户划分没有绝对标准，有一些利用亲友关系虚报情况以获得资助的现象发生，但这不影响各区贫困人口规模的大局。

但是，好景不长，20 世纪 30 年代中后期，日本侵华，占领北平。这给大栅栏地区的经济以致命打击，从事商业和娱乐业的店家有的缩减规模、节约开支，有的减少营业时间，有的甚至直接关门谢客。大栅栏地区从业人员的收入因此锐减且贫富差距逐渐加大。例如，店铺雇佣学徒仅发极少的工资，月工资不到 4 元（王永斌，1999）。

中华人民共和国成立后，大栅栏街道属于宣武区（后与西城区合并），前门大街属于崇文区（后与东城区合并），经过社会主义改造，成立了公私合营工厂和手工业生产合作社。“文化大革命”期间，该地区的经济遭到严重破坏。改革开放后，经济开始复苏，老字号商铺也逐步恢复正常经营，大栅栏地区的社会发展速度加快。进入 20 世纪 90 年代，外来人口大量涌入本地区，主要从事低端服务业、商业，老北京居民逐渐迁出。大栅栏地区属于老城区，基础设施老旧，加之该区域居民的收入普遍较低且居住条件较差，胡同街巷交通不便，旧城改造迫在眉睫。《北京旧城 25 片历史文化保护区保护规划》将本地区划为 25 片历史文化保护区之一，2003 年编制的《北京大栅栏地区保护、整治与发展规划》与 2004 年公布的《北京前门大栅栏地区保护、整治与复兴规划（说明书）》将本地区定位为文化旅游商业区，大栅栏的社会复兴进入了一个新的阶段。

5.2.2 经济发展

商业是大栅栏地区发展的命脉所在，也是大栅栏地区经济繁荣最重要的驱动力，从元代、明代的初兴与快速发展，到清代的繁荣和近代的鼎盛，再到 1949 年后的平稳过渡，该地区的商业发展至今已有 700 多年的历史。大栅栏地区经济的发展大致可以分为三个主要阶段：始于明初的商业兴起、清中期开始的繁荣发展阶段，以及 1949 年后的平稳发展（见图 5-2）。

5.2.2.1　元至明初商业的兴起

元代至明初是大栅栏地区商业发展的萌芽与奠基的时期。元代忽必烈定都北京之后，开凿运河，南方的粮食与物资通过运河运达大都，丽正门外的大栅栏地区开始出现商业贸易活动。明初，金中都还存在，由于都城城墙南移至现在正阳门的位置，在大栅栏地区形成了沟通这两座城的四条主要斜街：杨梅竹斜街、铁树斜街、棕树斜街、樱桃斜街。因交通道路带来人流，在这些斜街上逐渐出现商业店铺。由于战争的影响，北京人口骤减，经济萧条，明朝统治者在今前门等地营建廊房，迁徙南方大户到北京进行商业活动，很多私商也在此开办店铺，大栅栏地区的商业店铺数量大为增加。这一时期，大栅栏地区出现了廊房头条、廊房二条、廊房三条和廊房四条（今大栅栏街）等商业街，大栅栏商业区初步形成。

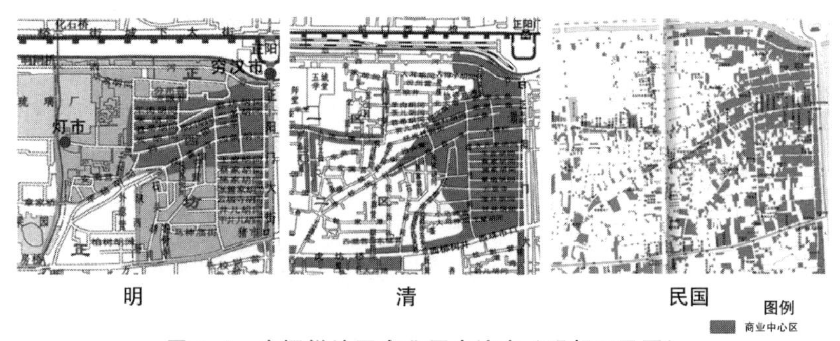

图 5-2　大栅栏地区商业历史演变（明朝至民国）

资料来源：侯仁之、岳升阳主编：《北京宣南历史地图集》，北京：学苑出版社 2008 年版，第 71—75 页，经作者修改。

明代中期到清代中期是大栅栏商业区进一步发展与成熟的时期。在此期间，大栅栏商业区凭借区位优势获得了长足发展，并最终超过了作为“后市”的鼓楼与斜街市地区，成为北京城最大的商业中心。同时，这一地区的商业开始形成具有一定规模的专门市场。除了规模较大的专门行业，如煤市、粮市等跟生活密切相关的行业外，提高物资交换效率的钱市也得到发展。

5.2.2.2 清中期至民国的发展时期

清代中期至民国时期是大栅栏商业区的全面发展时期。在此期间，大栅栏商业区开始向周围扩张，最终与东侧的崇文门外花市、西侧的琉璃厂商业区、南侧的天桥商业区连成一片，形成一个巨大的商业区。同时，产业更加全面，不仅增加了更多的与生活密切相关的行业，如灯市，还形成了绫罗绸缎、珠宝玉器等提高生活品质的高档生活用品市场。一方面，各街巷的行业向更加专一化的方向发展，很多胡同以本街巷的主导行业命名；另一方面，商铺不仅注重产品规模，也注重产品质量的提高，形成了众多驰名中外的老字号店铺。由于人口的增加，饭庄、客栈等食品与住宿服务行业在这里得到长足发展，银钱业与金融市场开始形成，典型代表如施家胡同（见图 5-3），报业、京剧等文化演出业也迅速发展，形成了北京的演艺中心与银钱中心。这一带商业银钱运输安全的需求也使得镖行在此地区获得了发展。民国初期，该地区还出现了具有变革性的商业经营模式——大型综合商场，各商家可以租地摆摊，销售各种商品。民国中期以后，由于国家政治局势动荡，大栅栏商业区陷入萧条。

民国时期，大栅栏地区的商业行业种类快速增加，据《大栅栏街道志》统计，民国八年（1919），大栅栏地区共有 31 个行业、4495 家店铺。如表 5-2 所示，其中玉器行、古玩行最多，分别为 53 家和 42 家。民国时期的大栅栏地区是整个北京的商业中心，银行、当铺等商业服务设施很多，先后在大栅栏地区创设的银行有二十多家，大部分集中在廊房头条、施家胡同和西河沿。其中，施家胡同的金融业具体布局如图 5-3 所示。

大栅栏地区与百姓生活相关的服务设施也较为发达。1938—1946 年间，该地区共开设公共澡堂 9 家，先后开设理发馆 30 家、自行车行 18 家。

民国二十七年（1938）至三十五年（1946），大栅栏地区曾先后开设过各类店铺 1660 余家，共归为 30 个行业大类，以饭庄、饭铺

（104 家）为最多，珠宝玉器店（70 家）、金银首饰店（66 家）也是鳞次栉比。大栅栏地区最为著名的商业单元是大栅栏商业街和琉璃厂。从明代开始，大栅栏街及其周边街巷一直是京城最著名的商业街区，瑞蚨祥绸布店、同仁堂国药店、马聚源帽店、内联升鞋店等字号闻名遐迩。琉璃厂地区在清康熙年间就已经繁荣起来，乾隆年间《四库全书》的编修促进当地书业兴盛，文房四宝和古玩业也相继发展，形成驰名中外的文化市场。

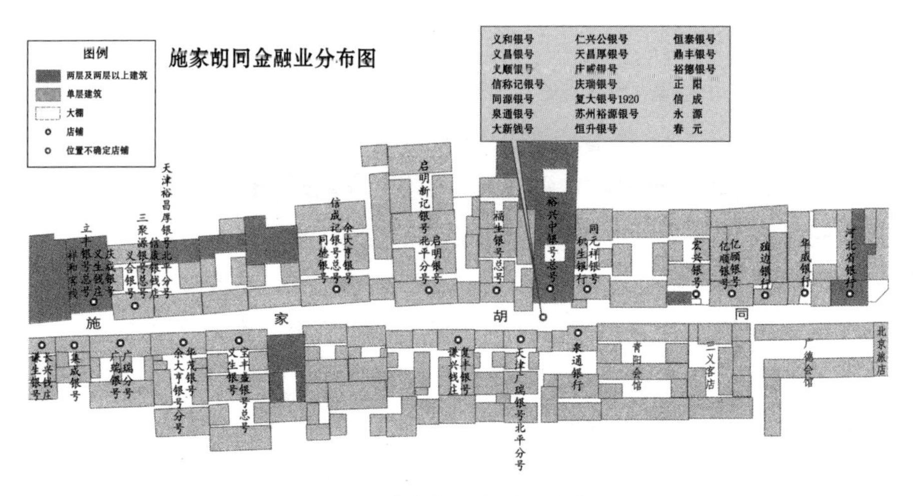

图 5-3　施家胡同金融业分布图

资料来源：侯仁之、岳升阳主编：《北京宣南历史地图集》，北京：学苑出版社 2008 年版，第 82 页。

表 5-2　20 世纪不同时期大栅栏地区部分商业设施数量

商业行业	年份				
	1919	1938—1946	1957	1980	1987
银行	16	5	7	9	
钱庄、银号、银钱兑换处	20	53			
当铺	8	2			
古玩字画铺	42	54	17		

（续表）

商业行业	年份				
	1919	1938—1946	1957	1980	1987
珠宝玉器店	53	70			
金银首饰店	28	66			
呢绒绸缎店、布行	19	26	3		
砖瓦灰行	20		3		
西服庄、新衣庄、皮货庄	9	65	11		
衣庄	2	19			
棉花铺	5	5			
饭庄、饭铺	30	104	53	60	147
鱼店、鱼菜店	2	49	5		
茶庄	10	21	9		
纸烟杂货、果局、干鲜果店	19	67	54[1]		
颜料铺	2	5			
油盐杂货	15	49	58		
洗染、洗衣店	3	25	27		4
米面庄	6	19			
钟表店	17	19	6（21）[2]		
旅店、客店	41	55	106	67	79
中药铺	35	67	32		
蜡烛店	26	5			
洋药铺		33	3		
炉行[3]	28				
煤油广货行	10				

（续表）

<table>
<tr><th rowspan="2">商业行业</th><th colspan="5">年份</th></tr>
<tr><th>1919</th><th>1938—1946</th><th>1957</th><th>1980</th><th>1987</th></tr>
<tr><td>鞋铺</td><td>29</td><td>34</td><td rowspan="2">11</td><td rowspan="2">6</td><td></td></tr>
<tr><td>帽铺</td><td></td><td>9</td><td></td></tr>
<tr><td>粮店</td><td></td><td>28</td><td>10</td><td rowspan="3">14</td><td></td></tr>
<tr><td>切面铺</td><td></td><td>2</td><td></td><td></td></tr>
<tr><td>烧饼铺、粥铺、饺子铺</td><td></td><td>28</td><td></td><td></td></tr>
<tr><td>鸡鸭、卤鸡店</td><td></td><td>6</td><td></td><td></td><td></td></tr>
<tr><td>麻花铺、馒头铺</td><td></td><td>10</td><td></td><td></td><td></td></tr>
<tr><td>书局、书店</td><td></td><td>18</td><td>2</td><td rowspan="2">14</td><td>4</td></tr>
<tr><td>刻字店</td><td></td><td></td><td>12</td><td>5</td></tr>
<tr><td>眼镜店</td><td></td><td>21</td><td></td><td rowspan="2">20</td><td></td></tr>
<tr><td>照相馆、照相器材行</td><td></td><td>10</td><td>8</td><td>7</td></tr>
<tr><td>乐器行</td><td></td><td>2</td><td>3</td><td></td><td></td></tr>
<tr><td>象牙店</td><td></td><td>2</td><td>2</td><td></td><td></td></tr>
<tr><td>猪牛羊肉铺</td><td></td><td>43</td><td>28</td><td></td><td></td></tr>
<tr><td>刀剑店</td><td></td><td>2</td><td>1</td><td></td><td></td></tr>
<tr><td>酱肉海味店</td><td></td><td>14</td><td></td><td></td><td></td></tr>
<tr><td>牛奶铺</td><td></td><td>2</td><td></td><td></td><td></td></tr>
<tr><td>食品、饽饽铺</td><td></td><td>30</td><td></td><td></td><td></td></tr>
<tr><td>画像、广告</td><td></td><td>13</td><td></td><td></td><td></td></tr>
<tr><td>文具纸张店</td><td></td><td>76</td><td>15</td><td>8</td><td></td></tr>
<tr><td>围棋庄</td><td></td><td>5</td><td></td><td></td><td></td></tr>
<tr><td>花店、礼品、灯画、扇社</td><td></td><td>6</td><td></td><td></td><td></td></tr>
<tr><td>南纸铺</td><td></td><td>16</td><td></td><td></td><td></td></tr>
<tr><td>酒铺</td><td></td><td>32</td><td>24</td><td></td><td></td></tr>
</table>

（续表）

<table>
<tr><th rowspan="2">商业行业</th><th colspan="5">年份</th></tr>
<tr><th>1919</th><th>1938—1946</th><th>1957</th><th>1980</th><th>1987</th></tr>
<tr><td>瓷器杂品、麻刀铺、麻袋铺</td><td></td><td>23</td><td></td><td></td><td></td></tr>
<tr><td>油漆店</td><td></td><td>14</td><td>11</td><td></td><td></td></tr>
<tr><td>煤铺、炭厂</td><td></td><td>28</td><td>29</td><td></td><td></td></tr>
<tr><td>百货店</td><td></td><td>29</td><td>21</td><td></td><td></td></tr>
<tr><td>皂铺</td><td></td><td>3</td><td>1</td><td></td><td></td></tr>
<tr><td>绒线铺</td><td></td><td>3</td><td></td><td></td><td></td></tr>
<tr><td>医院、诊所</td><td></td><td>32</td><td>52[4]</td><td>7</td><td></td></tr>
<tr><td>牙医</td><td></td><td>13</td><td>3</td><td></td><td></td></tr>
<tr><td>洋货商行</td><td></td><td>52</td><td></td><td></td><td></td></tr>
<tr><td>旧货铺</td><td></td><td>5</td><td>1</td><td></td><td></td></tr>
<tr><td>挂货铺</td><td></td><td>2</td><td></td><td></td><td></td></tr>
<tr><td>理发馆</td><td></td><td>30</td><td>30</td><td rowspan="2">12</td><td>14</td></tr>
<tr><td>澡堂</td><td></td><td>9</td><td>4</td><td>2</td></tr>
<tr><td>大车店</td><td></td><td>4</td><td></td><td></td><td></td></tr>
<tr><td>制鞋</td><td></td><td></td><td>27</td><td></td><td></td></tr>
<tr><td>汽车行</td><td></td><td>5</td><td></td><td></td><td></td></tr>
<tr><td>自行车行</td><td></td><td>18</td><td>（19）</td><td rowspan="2">32</td><td></td></tr>
<tr><td>五金电料行</td><td></td><td>17</td><td>4</td><td></td></tr>
<tr><td>缝纫</td><td></td><td></td><td></td><td>104</td><td></td></tr>
<tr><td>镜框、玻璃店</td><td></td><td>12</td><td>3</td><td></td><td></td></tr>
<tr><td>旧书店</td><td></td><td>9</td><td>5</td><td></td><td></td></tr>
<tr><td>书茶馆</td><td></td><td>8</td><td>3</td><td></td><td></td></tr>
<tr><td>秤铺</td><td></td><td>4</td><td>2</td><td></td><td></td></tr>
</table>

（续表）

<table>
<tr><th rowspan="2">商业行业</th><th colspan="5">年份</th></tr>
<tr><th>1919</th><th>1938—1946</th><th>1957</th><th>1980</th><th>1987</th></tr>
<tr><td>戏园</td><td></td><td>7</td><td>3</td><td rowspan="2">6</td><td></td></tr>
<tr><td>电影院</td><td></td><td>3</td><td>3</td><td></td></tr>
<tr><td>台球社</td><td></td><td>5</td><td></td><td></td><td></td></tr>
<tr><td>化妆品行</td><td></td><td>7</td><td></td><td></td><td></td></tr>
</table>

资料来源：北京市宣武区大栅栏街道志编审委员会：《大栅栏街道志》，1997 年；《京师总商会己未年众号一览表》，1919 年，北京市档案馆藏；北京市都市规划委员会现状管理处编纂：《北京市城区商业网现状调查资料现状调查表：前门区部分》，1957 年；北京商业服务业企业名集编委会编：《北京商业服务业企业名集》，1989 年。

说明：①含糖果糕点、海味、烟酒。②括号中的数字表示修理该器物的店铺，下面的自行车亦然。③炉行是官家批准熔铸银锭的作坊。在清朝的时候，炉行都集中于珠宝市街，形成了钱市。民国以后，炉行失去了政府授予的特许经营权，再加上正逢币制改革，对贵金属熔铸的市场需求日渐萎缩，炉行便逐渐萧条下来。④含医院 1 家（红十字会医院）、诊所 11 家（不含牙医诊所）、中医馆 40 家。

5.2.2.3 中华人民共和国成立后的发展期

中华人民共和国成立后，由于北京金融中心的转移，大栅栏地区的金融业迅速没落，1957 年大栅栏地区的储蓄所（银行网点）仅有 6 家。但是，该地区的商业仍然繁荣发展。1949 年后，经历了社会主义改造，大栅栏地区在 1956 年有 31 个行业的零售商 1086 家，21 个行业的批发商 227 家。1957 年，大栅栏地区商业营业面积共 54268 平方米，加工场地面积 6368 平方米，库房面积 6249 平方米；人员方面有营业人员 4308 人、加工人员 1096 人、管理人员 1494 人。店铺种类齐全且数量多是这一时期大栅栏地区商业繁荣发展的主要标志。

改革开放后，根据社会经济发展需要，国家对这一地区的发展进行了规划，开展了一系列商业调整、改造。在继承传统的商业经营特色的基础上，不断适应新时期的发展需求，同时对街区地块进行改造与翻建并给予相应的经济发展优惠政策，改善经营条件，扩大商业经营规模，进行产业布局调整。这一时期，大栅栏商业区完成了从旧时私人手工业作坊到公私合营工厂、社会主义合作社、街道集体经济，再到各种所有制经济并存、共同发展的转换过程。1980 年前后，大栅栏地区有商店 460 多家，1990 年增加到 1200 多家。20 世纪八九十年代大栅栏地区商业街巷景象如图 5-4 所示。

大栅栏街（20世纪八九十年代）

廷寿街（20世纪90年代）

五道街（20世纪90年代）

图 5-4　大栅栏地区不同时期的商业街巷

资料来源：王彬、徐秀珊：《北京街巷图志》，北京：作家出版社 2004 年版，第 178—224 页。

5. 2. 2. 4　影响经济发展的因素

区位条件与政策管理是影响历史城区经济发展的主要因素。前门大栅栏地区的经济发展最重要的条件是其处于首都城门脚下的有利区位，其次得益于政府的政策扶持。

在宏观区位上，从南方陆路进入北京，主要是沿着太行山东麓的古道到达卢沟桥，再进城；或是沿着东北方向到达今天的广安桥，经过虎坊桥，然后沿东北—西南走向的斜街（今铁树斜街—大栅栏西街—大栅栏商业街一线）到达前门。很多旅客会选择在此城门外休息整顿一番再入城，这也给大栅栏地区带来商业机遇。通惠河开凿后，从大运河到达北京的南方商旅中有一部分人选择在前门一带进行商贸活动，特别是随着后来大运河的终点码头积水潭不断淤积，越来越多的南来商贩在此经商。清朝末期，铁路开始进入我国，京奉铁路正阳门东车站（前门东车站）和京汉火车站（前门西车站）设在此地，使得这里成为进京的重要门户和沟通北京与全国各省市的交通枢纽，也给大栅栏地区带来了庞大的客流和商机。

在中观区位上，大栅栏地区位于北京外城。出于治安考虑，旧时北京内城戒备森严，商业活动被限制，这也自然带给外城更多的商业机遇。戏剧演出活动就是其中的代表性案例。《道咸以来朝野杂记》记载了“戏园，当年内城禁止，惟正阳门外最盛”的情况。特别是清朝时期，满汉分居，满族八旗居于内城，汉族居于外城，大栅栏地区位于内城的城门正阳门（前门）外，既方便了清朝贵族出城看戏，也汇集了大量外城汉族人口。

在微观区位上，大栅栏地区靠近明清北京城的正南门。一方面，明清时期的六部等政府机关设在前门的内侧，这些机关的官员有娱乐需求。另一方面，外省进京办事的官员、商人和赶考的举子多选择在前门外停留。

元大都时期，南方商旅通过大运河可以到达前门与积水潭，但前门位于城外，税负比城内低，一定程度上吸引了商旅在此集聚。明代鼓励商业与手工业发展，在前门营建廊房，从南方迁入富户来经商。元朝营建大都，政府在这里开设琉璃窑厂，并且在明迁都北京以后规模得到扩大，也带动了琉璃厂周边的发展。如今大栅栏地区作为文化旅游商业区受到政府扶持，同时旧城改造更新与“全民旅游时代”也给这一地区带来了发展机遇。

成熟的管理体系是大栅栏地区商业发展的重要保障之一。为了繁荣商业市场、规范经营，清朝末年，京师内、外城巡警总厅颁布了《管理旅店规则》(1906 年 7 月)、《管理饮食物营业规则》(1909 年 2 月)、《管理剃发营业规则》(1909 年 5 月)、《管理浴堂营业规则》(1909 年 7 月)、《管理牛乳营业规则》(1910 年 3 月)、《各种汽水营业管理规则》(1909 年 4 月) 等法规。北洋政府时期，基本上没有颁布新的商业管理法规。南京国民政府时期，北平市公署、社会局、警察局（公安局）等部门颁布了一系列维护商业秩序和市场管理的法规，包括《北平市公安局整顿各街市浮摊办法》(1931 年 7 月)、《北京特别市营业整理暂行规则》(1938 年 6 月)、《北京特别市公署社会局整顿无照营业彻底办法》(1938 年 8 月)、《北京特别市摊商登记规则》(1941 年 4 月)、《北京特别市营业管理规则(修订版)》(1943 年 6 月)、《管理旧货贩暂行办法》(1945 年 4 月)、《取缔旧货商暂行章程》(1945 年 4 月)、《北平市政府管理摊贩规则》(1947 年 9 月) 等等。

本章参考文献

[1] 北京市宣武区大栅栏街道志编审委员会编:《大栅栏街道志》，1997 年。

[2] 侯仁之、岳升阳主编:《北京宣南历史地图集》，北京：学苑出版社 2008 年版。

[3] 牛鼐鄂:《北平一千二百贫户之研究》,《社会学界》1933 年第 7 期。

[4] 孙冬虎:《北京近千年生态环境变迁研究》，北京：北京燕山出版社 2007 年版。

[5] 王永斌:《北京的商业街和老字号》，北京：北京燕山出版社 1999 年版。

[6] Gamble, Sidney D., *Peking: A Social Survey*, New York: George H. Doran Co., 1921.

第 6 章

历史城区公共服务设施演变

6.1 医疗、教育、文化设施的历史演变

公共服务设施是为满足居民日常生活、教育、文化娱乐、游憩社交等需要而配备的各种公建配套设施。居住区内的公共服务设施主要有医疗、教育、文化、环卫、安全和行政服务等相关设施。公共服务设施的设置与区域的经济社会发展水平及居民的生活习惯二者密切相关，设施服务水平是衡量社会发展水平及居民生活质量的重要指标之一。对大栅栏地区公共服务设施的发展变化进行总结，有助于更全面地认识大栅栏地区经济社会演变和居民生活情况的变化。本章将从医疗、教育、文化、环卫和安全设施等方面对清末以来大栅栏地区公共服务设施的演变过程做系统梳理和分析。

6.1.1 医院、诊所

1918 年至 1946 年，大栅栏地区曾开设近 80 家医院、诊疗所和医寓（在家行医）；1957 年，大栅栏地区有医院 1 家（红十字会医院）、诊所 11 家（不含牙医诊所）、中医馆 40 家；1959 年，宣武区大栅栏医院成立，共有医务人员 143 人；1992 年，该地区有红十字卫生站 12 个（北京市宣武区大栅栏街道志编审委员会，1997）。

6.1.2 中小学

自近代以来，大栅栏地区就分布着众多教育机构（见图 6-1）。该地区的小学的演变情况如表 6-1。1906 年，大栅栏地区有官立第一两等小学堂、公立首善两等小学堂等 8 所小学；1933 年，大栅栏地区有官立虎坊桥小学、私立尚实小学等 7 所小学；1950 年，大栅

栏地区有官立虎坊桥小学、私立尚实小学等10所小学；1965年，大栅栏地区有沙土园小学、炭儿胡同小学等11所小学；1992年，大栅栏地区有沙土园小学、炭儿胡同小学等7所小学；2015年，大栅栏地区仅2所小学。

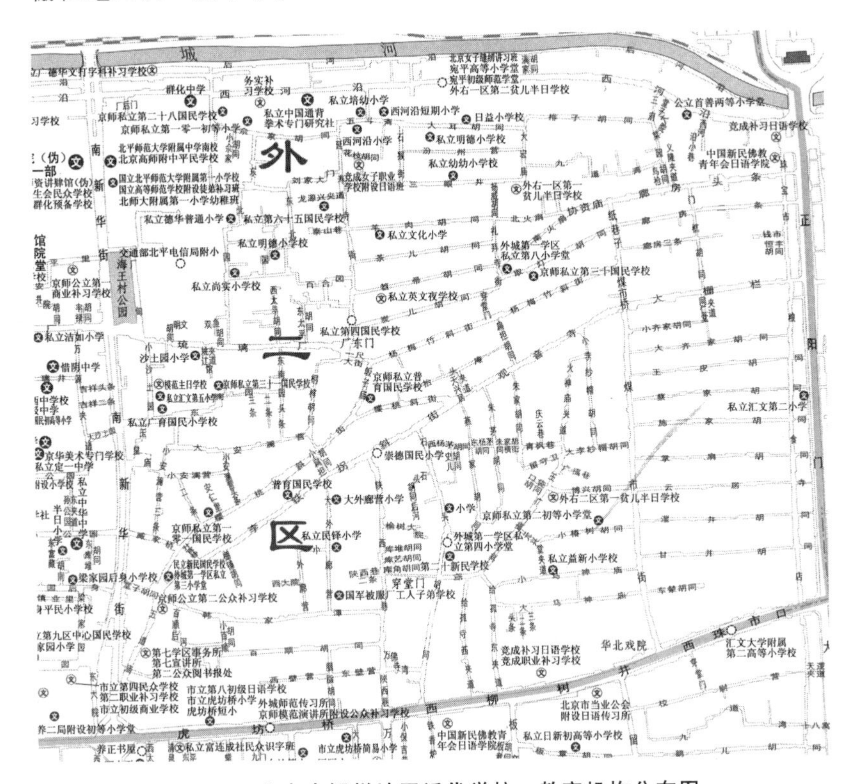

图6-1 北京大栅栏地区近代学校、教育机构分布图

资料来源：侯仁之、岳升阳主编：《北京宣南历史地图集》，北京：学苑出版社2008年版，第62页。

表6-1 大栅栏地区的小学

年份	小学
1906	官立第一两等小学堂（虎坊桥）、公立首善两等小学堂（西河沿）、冠英书屋（延寿寺街）、新闻书屋（五道庙）、黉秀书屋（石头胡同）、广育堂（小沙土园）、青云书屋（取灯胡同）、德华普通小学（东北园）

（续表）

年份	小学
1933	官立虎坊桥小学（虎坊桥）、私立尚实小学（佘家胡同）、私立益新小学（小马神庙）、私立培幼小学（西河沿五斗斋）、私立文化小学（羊肉胡同）、私立民铎小学（大外廊营）、私立民德小学（汾州营）
1950	官立虎坊桥小学（虎坊桥）、私立尚实小学（佘家胡同）、私立益新小学（小马神庙）、私立培幼小学（西河沿五斗斋）、私立文化小学（羊肉胡同）、私立民铎小学（大外廊营）、私立明德小学（大耳胡同）、私立汇文第五小学（沙土园）、私立福民小学（韩家潭）、私立穆荣小学（礼拜寺街）
1965	沙土园小学（沙土园）、炭儿胡同小学（礼拜寺街）、西河沿小学（西河沿五斗斋）、樱桃斜街小学（樱桃斜街）、大外廊营小学（大外廊营）、甘井胡同小学（甘井胡同）、王广福斜街小学（王广福斜街）、施家胡同小学（施家胡同）、马神庙小学（小马神庙）、虎坊桥小学（虎坊桥）、东南园小学（东南园胡同）
1992	沙土园小学（沙土园）、炭儿胡同小学（炭儿胡同）、煤市街小学（甘井胡同）、棕树斜街小学（棕树斜街）、西河沿小学（和平门外东街）、虎坊桥小学（珠市口西大街）、东英小学（大安澜营胡同）
2015	炭儿胡同小学（炭儿胡同）、北京实验小学前门分校（和平门外东街）

资料来源：宣武区普通教育志编委会编著：《宣武区普通教育志》，北京：北京出版社 2001 年版；邓菊英、李诚：《北京近代小学教育史料》，北京：北京教育出版社 1995 年版。李文衎、（日）武田熙编：《北京文化学术机关综览》，北京：新民印书馆 1940 年版。表格由作者绘制。

具体说来，随着适龄学生人数的减少，大栅栏地区进行了中小学数量的调整以优化教育资源配置。20 世纪 70 年代末，大栅栏地区的小学由于生源减少而开始整合，到 1992 年减少到 7 所小学，2015 年只剩下位于炭儿胡同的炭儿胡同小学和位于和平门外东街的北京实验小学前门分校两所小学。此外，大栅栏地区 1957 年在韩家潭胡同 25 号成立北京市第九十五中学；1974 年成立前门西街中学；1978 年成立北京市第二零二中学，1981 年该中学并入前门西街中学（宣武区普通教育志编委会，2001）。

6.1.3 幼儿园

大栅栏地区的幼儿园数量、幼儿园中的儿童及工作人员数量均经历了较大变化。自 1958 年开始，大栅栏地区以各居委会为基础添设公立幼儿园所 21 个，共收托儿童 2558 名。此后，公立幼儿园数量随着社区的合并而不断减少，1961 年调整为 15 个园所，1965 年为 10 个，1979 年为 5 个，1992 年为 4 个，2015 年只剩下 2 个（大安澜营幼儿园和西柳树井幼儿园）。近年来，民办幼儿园蓬勃发展，目前大栅栏地区有 2 个民办幼儿园：幼儿之家（大耳胡同）和精灵童乐幼儿园（蔡家胡同）。1958—1992 年大栅栏地区部分幼儿园儿童和工作人员数量演变具体见表 6-2。

表 6-2　大栅栏地区幼儿园入园儿童数和工作人员数演变

类别	名称	儿童数（名）				工作人员数（名）			
		1958	1979	1990	1992	1958	1979	1990	1992
街道办园	西柳树井幼儿园	60	350[①]	420	300	7	42	47	39
	三井幼儿园	90	157	189	140	12	35	25	21
	耀武幼儿园			130	80			20	21
	湿井幼儿园	35	32	195	130	9	22	30	
	大安澜营幼儿园	187		315	280	27		42	35
企事业单位办园	宣武区工商银行办事处幼儿园（施家胡同）			130				18	
	宣武区服装公司幼儿园（大齐家胡同）			25				11	
	宣武区服装公司幼儿园（珠市口西大街）			320				35	
	北京市第一食品公司幼儿园（铁树斜街）			76				22	

资料来源：参见北京市宣武区大栅栏街道志编审委员会编：《大栅栏街道志》，1997 年。

说明：[①]为 1978 年数据。

6.1.4 文化设施

清嘉庆至民国的百余年间，大栅栏地区曾开设戏院、书茶馆、电影院30余家，虽几经兴衰，但营业的文化娱乐场所始终不少于8家，这就为今天大栅栏地区浓厚的文化韵味与娱乐氛围奠定了坚实的基础。

中华人民共和国成立后，文化馆、图书馆等公共文化设施相继创设。1952年，原北京市立第四人民教育馆改为北京市前门区文化馆，后于1958年与宣武区文化馆合并，位于琉璃厂东街；1952年，前门区工人俱乐部在大栅栏街成立；1956年，北京市立图书馆分馆（宣武区图书馆前身）在韩家胡同成立（1980年迁出）；1959年，大栅栏公社图书馆设立于石头胡同；1980年，宣武区少儿图书馆在培英胡同（原培英胡同小学）成立。据北京市规划委员会（现为北京市规划和自然资源委员会）统计，1957年大栅栏地区有文化馆1家、工人俱乐部1个、剧场3家、影院3家、图书馆1家（见表6-3），其中，影院、剧场位置见图6-2。

表6-3 大栅栏地区1957年影剧院等公共活动场所概况

街道胡同	门牌号	名称	面积（平方米）	座位数量（个）	管理人员数量（名）
大李纱帽胡同	3	新中国电影院	1200	850	25
大栅栏	54	大观楼影院	713	696	32
门框胡同	19	同乐影院	717	543	25
大栅栏	12	庆乐剧场	1159	1022	34
大栅栏	38	前门小剧场	640	418	
粮食店	5	中和剧场	1292	1332	
东琉璃厂	20	文化馆	1521	100	14
大栅栏	32	工人俱乐部	693	500	10

资料来源：北京市都市规划委员会现状管理处编：《北京市城区商业网现状调查资料现状调查表：前门区部分》，1957年。

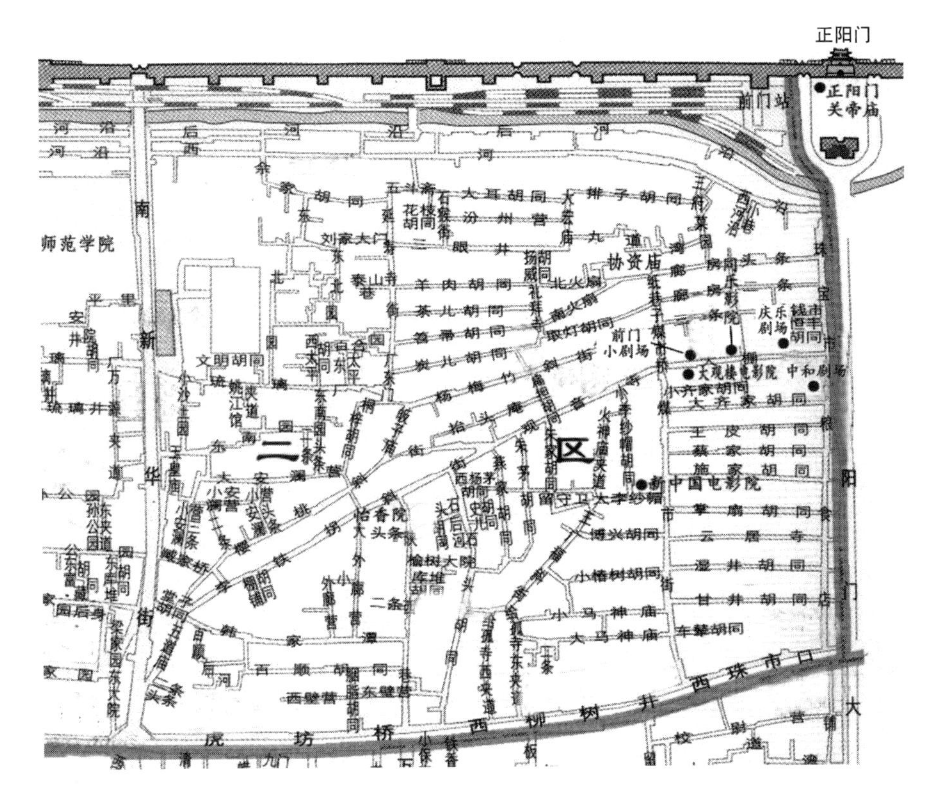

图 6-2　民国大栅栏地区文化场所分布图

资料来源：侯仁之、岳升阳主编：《北京宣南历史地图集》，北京：学苑出版社 2008 年版，第 31—68 页，经作者整理绘制。

6.2　环境卫生、安全设施的历史演变

6.2.1　公共厕所

中华人民共和国成立前，粪便掏取属于私人经营的行业，公共厕所通常由粪道主设立，公立的公共厕所较少，1934 年大栅栏地区仅有公共厕所十余间。由表 6-4 可见，民国时期大栅栏地区的公共厕所条件较差，设施十分简陋，卫生状况欠佳。这可能会影响居民的饮水安全。

表 6-4　外二区公厕情形统计表

	数量（间）	百分比（%）
厕所总数	30	
无房顶者	8	23.7
墙壁不全者	0	
虽有屋顶墙壁而不连接者	19	63.3
无门者	28	93.3
门不全者	0	
土地面者	9	30.0
粪坑构造不良者	7	23.3
粪坑破裂者	1	3.3
尿池构造不良者	9	30.0
尿池破裂者	14	46.7
无蹲台或蹲台构造不良者	4	13.3
厕后有土坑粪窖者	0	
毫无防蝇设备者	28	93.3
无设立必要者	2	6.7
妨碍附近水井者	4	13.3
妨碍交通者	0	0
妨碍观瞻者	0	0

资料来源：《北平市卫生处为拟定整顿公厕等项计划致市政府呈》，北京市档案馆藏，档案号 J001-003-00048。

说明：①粪坑构造不良者是指土坑、砖坑或无粪坑随处便溺者；②尿池构造不良者是指土坑、砖坑或无尿池随处便溺者；③蹲台构造不良者是指土蹲台或无蹲台者；④毫无防蝇设备者是指无房顶、墙壁倒塌或屋顶与墙不连接者；⑤妨碍附近水井者是指距离饮水井在四十公尺（40 米）以内者。

1963 年，宣武区环卫局改造辖区内厕所，将居民院内户厕取消，在街巷中修建街坊式水冲厕所（北京市宣武区大栅栏街道志编审委员会，1997）。1974—1975年，大栅栏地区进行了公共厕所的集中建设。2007年，大栅栏地区范围内有公共厕所149间（同一位置的男女厕所算2间），其中一类公厕18间，达标公厕115间，三类公厕（卫生条件较差，没有达到《城市公共厕所卫生标准（GB/T 17217—1998）》要求）16间，2009年优化调整为147间。

6.2.2 市容环卫

大栅栏街道在民国时期就有专门负责环境卫生工作的“清道队”。“清道队”负责日常的街道清洁。相关档案记载了1928年9月9日卫生局外右一区清道所分派夫役工作的情形：巡官贺延吉派工；巡长张锡纯、董松斌查工；巡警李福查工，何保隆休息；夫头高景浩带夫役八名赴西珠市口、纸巷子、煤市桥、大栅栏、珠宝市等处扫除泼洒；夫头林福顺带夫役五名赴兴华门、兴华桥、新华街等处扫除泼洒；夫役冯顺等九名赴西河沿一带扫除泼洒；夫役郭新春等五名赴后河沿、赶驴市等处扫除泼洒；夫役赵一南等二名赴协资庙、三眼井、武斗斋等处扫除；欠补夫役缺额一名；伙夫何希昆等三名在所造饭。

《京师警察厅改订管理清道规则》（1913年11月）包括总则、管理、充补、勤务、清洁、稽查、点检、赏罚等内容，对道路清扫人员作出规定，其中第二十五条明确了道路清扫人员的职责：清道夫应保持道路之清洁。除逐日洒扫外，凡平垫道路、疏浚沟渠、灌溉路旁树木及其他关于道路清洁之事，悉令担任之（牛锦红，2011）。

统计资料显示，1934年北平内外城共有218643户，“清洁夫”2170名，平均每位清洁夫负责100多户的垃圾清运工作，工作繁重，致使很多垃圾无法得到及时清除。

中华人民共和国成立之后，道路清洁的工作机制逐渐完善，清洁工具的清运能力也逐渐提升。1982 年，保洁员人均清扫 11885.79 平方米；1992 年，保洁员人均清扫 15750.00 平方米（见表 6-5）。随着清扫工具的更新，清扫面积进一步扩大，街道卫生的水平也进一步提升。

表 6-5 大栅栏地区清洁人员数量与单位人员清扫面积

年份	巡官、巡长等（名）	保洁员（名）		伙夫（名）	单位保洁员清扫面积（平方米）
		夫头（名）	夫役（名）		
1928	9	4	64	6	37757.14
1958		300			63466.67
1982		106			11885.79
1992		80			15750.00

资料来源：《北平市卫生局及各区清道所（队）1928 年 9 月 9 日、10 日工作情形》，《公安局内城医院关于书记白增贵和股长请长假和充补的呈文及公安局的指令以及"清道队"巡官、长警暨夫头夫役名册》，1928 年，北京市档案馆藏，档案号 J005-002-00002；北京市宣武区环境卫生管理局：《北京市宣武环卫志》第一册，1993 年。北京市宣武区大栅栏街道志编审委员会编：《大栅栏街道志》，1997 年。经作者整理绘制。

6.2.3 公共安全

清光绪三十一年（1905）八月，政府裁撤五城御史，始设警察，建立外城工巡局，下设东、西二分局，大栅栏地区在西分局辖区内。

民国二十七年（1938），大栅栏地区共 2 个分驻所（西珠市口、西河沿）和 10 个派出所（西珠市口、小齐家胡同、大马神庙、观音寺、协资庙、西河沿、东北园、李铁拐斜街、虎坊桥大街、五道庙），分布密度接近于现在的社区治安守望岗。1950 年合并为 5 个派出所，1958 年整合为大栅栏派出所。

清光绪二十九年（1903），北京城始建现代消防组织，民国二十二年（1933），全市设 5 个防火警钟台，其中第 5 台设在南新华街。同在光绪年间，北京城民间的防火组织“水会”也相继成立（见图 6-3），民国十五年（1926），大栅栏地区有水会 8 个（见表 6-6）。1962 年，大栅栏人民公社对下属企业单位提出设立消防队的要求，是年，共建立消防队 18 个，有义务消防员 703 人。1988 年，大栅栏地区安全防火办公室成立，负责消除火灾隐患，做好防火措施，保护国家和人民生命财产安全。

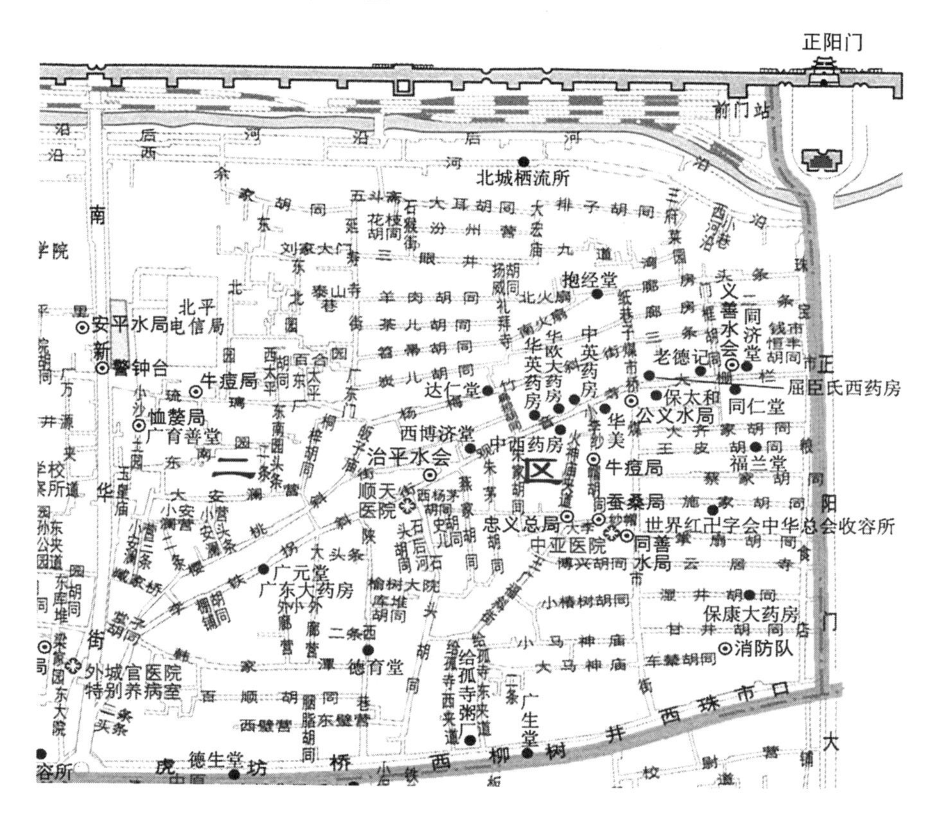

图 6-3 民国大栅栏地区消防、医疗、慈善机构分布图

资料来源：侯仁之、岳升阳主编：《北京宣南历史地图集》，北京：学苑出版社 2008 年版，第 94—95 页。

表 6-6 民国十五年（1926 年）大栅栏地区“水会”名录

水会名称	地址	水会名称	地址
三善水会	甘井胡同	成善水会	虎坊桥土地祠
公义水会	煤市街	治平水会	观音寺
公义水会	观音寺	祥善水会	廊房头条
安平水会	琉璃厂	义善水会	大栅栏

资料来源：北京市宣武区大栅栏街道编审委员会编：《大栅栏街道志》，1997 年，第 165 页。

6.3 公共服务设施的改善

近年来，大栅栏街道针对辖区内的公共环境和公共服务设施实施提升和改造工程，从街巷外部空间到院落，再到房屋，进行了全方位的修葺；在公共环境、公共安全、公共服务设施等方面也取得了突出进步（详见表 6-7 和表 6-8）。

为解决居民生活方面的难题，大栅栏街道还进行过若干次实地调查研究。例如，2001 年 2 月，大栅栏街道在前门西大街、延寿街、铁树斜街、大栅栏西街 4 个社区居委会和厂甸家委会的 50 户居民中进行了“方便市民生活”抽样调查。居民集中反映了 10 个方面的问题：①住房拥挤；②房价高；③公共绿地少；④市话费透明度差；⑤医疗药费报销不及时；⑥药品价格高；⑦集贸市场内假冒伪劣商品多；⑧个体商贩缺斤短两严重；⑨公共场所自行车丢失现象普遍；⑩地铁票价高。上述问题涉及医疗、绿化、商业、交通、治安等公共服务领域。经过十几年的发展，很多问题得到解决或缓解，也有很多问题依然存在，需要进一步探索解决各种问题的方法并开展实际工作。

表 6-7　2001—2007 年政府主导的大栅栏街道环境提升工程

	2001	2002	2003	2004	2005	2006	2007
街巷提升改造		琉璃厂和大栅栏街列入北京市政府划定的历史文化保护区		煤市街改造	煤市街拓宽进入实施阶段	煤市街通车，成为次干路；开始师大附中“城中村”环境整治	
精品胡同创建	创建 9 条精品胡同和 5 个安全文明小区	创建了 3 个安全文明小区和绿色小区。12 条精品胡同和 1 条精品街，实现了珠市口西大街的亮化、美化					

（续表）

	2001	2002	2003	2004	2005	2006	2007
街道小品建设							
绿化工作	植树 321 棵，新增绿化面积 650 平方米	在武警七支队周边建立宣传栏，面积为 300 平方米；新增绿地面积 200 平方米；增建 2 个大型花坛，栽种雪松 2 棵、花卉 150 棵				修剪树木约 300 处	完成煤市街 5 处空地绿化美化工作，种植花草 150 平方米
街巷路面修缮	硬化地面 2860 平方米；对煤市街路面重新进行硬化，共铺路面 710 米，面积近 5000 平方米				完成了石头、铁树斜街等 10 条便民路的大修铺装工作	整修路面 12 处	

（续表）

	2001	2002	2003	2004	2005	2006	2007
拆除路面障碍							
院落修缮							
房屋修缮	修整粉刷墙壁20670平方米，督促辖区单位、房管部门粉饰83栋建筑物外立面，共计68406平方米				对710间危房进行了大修翻建	维修房屋8000余间	
院门（户门）改造	油饰居民院街门285个				安装防盗门50个、防撬锁11200把	安装防盗门100个、防撬锁1000把	安装防盗门50个、防撬锁1000把
拆除违法建筑	拆除违法建设1265平方米	对12条胡同进行了拆违整治		拆除煤市街5处违章建筑，面积为194平方米			拆除违法建设5处，共计31平方米

（续表）

	2001	2002	2003	2004	2005	2006	2007
防火安全	为地区4个义务消防站和居委会更换灭火器68个、检修95个	为辖区社区居委会检修、更换灭火器材，为义务消防站、198个木质楼配灭火器500个；成立公安消防总队大栅栏中队	建立社区木质楼管理数据库，收录了地区262座木质楼的位置、面积等详细资料	配备灭火器242具，检修564具		为社区提供140个水桶、30把水舀等灭火用品；剪除屋顶杂草100余间；对原有的345个灭火器进行维修，新购灭火器200个	清理堆物堆料70余车，剪除房上草154间
清理垃圾	清运渣土985吨			对地区露天烧烤、小煤炉、裸露地面、卫生死角、工地扬尘等进行检查；清除小广告3900余处	在垃圾量较大的地区设置了20个小型“垃圾房”，在窄小胡同内放置了73个垃圾分类箱；清理无主渣土183吨、杂物159立方米；清除小广告、张贴物1950余处		清理堆物堆料，对10家重点单位、2个垃圾楼、6处卫生死角进行集中消杀

（续表）

	2001	2002	2003	2004	2005	2006	2007
管线整理	在前门西大街铺设主干电缆线路750米，增容电量60千瓦				完成廊房二条胡同、廊房三条胡同、门框三条胡同的82个院、308户、724间房屋的危电改造工程	疏通管道10处	
路灯维护	新增地灯、射灯等照明景观灯219盏						
宣传设施					规范了社区13个精神文明建设宣传栏，改造了盼盼文化广场宣传栏10个，新建和修建胡同精神文明、普法宣传墙画100平方米		

（续表）

	2001	2002	2003	2004	2005	2006	2007
公共服务设施	在石头胡同9号租用并建设1040平方米的社区服务中心		在延寿街社区残疾人活动中心修建残疾人专用浴室；西河沿社区图书馆开馆，配备了256余册新书		成立了宣武区首家博爱超市，对地区35户特困家庭实施了救助	“博爱超市”救助特困家庭342户；新建一处3000平方米的文体广场	
其他	实行一户一表，为2692户居民进行了配电改造	投资25万元在重点部位安装探头		对人防工程结构位移、墙体裂缝、严重渗漏水进行修缮，共3600平方米	完成93座公厕的改造；完成一户一电表改造、安装，送电3100户；完成一户一水表改装安装工程，涉及6175户		

资料来源：作者根据调研结果和《北京市宣武年鉴》（2002—2008）的内容整理、绘制。

说明：2003年环境提升工程较少是因为当年的SARS疫情。

表 6-8　2008—2014 年政府主导的大栅栏街道环境提升工程

	2008	2009	2010	2011	2012	2013	2014
街巷提升改造	完成大栅栏商业街街面整治、煤市街和廊房二条环境建设等工程；对五道街周边，珠宝市、粮食店以东，煤市街以西，弓字胡同以北三处区域实施风貌保护改造	大栅栏西街基础设施水平提升，于10月正式开街	推进大栅栏商业街文化建设	推进大栅栏商业街产业结构升级	全力保障杨梅竹斜街保护修缮、前门西河沿街道路拓宽等重点工程建设	大栅栏商业街、大栅栏西街路面整修和绿化美化等工程建设	西河沿道路及景观工程竣工开街
精品胡同创建	完成铁树斜街、樱桃斜街、韩家胡同、五道街、堂子街的精品胡同创建工程		启动畅通街巷达标创建工作	完成27条胡同的畅通街巷创建工作		完成培英、百顺、炭儿等8条街巷的精品胡同创建工程	完成扬威、大耳、笤帚、排子、茶儿等18条街巷的精品胡同创建工程

（续表）

	2008	2009	2010	2011	2012	2013	2014
街道小品建设				在大栅栏商业街及大栅栏西街安装休闲座椅17组		建立大栅栏3A景区与五种文字全景牌	设置砖雕、影壁267处
绿化工作			完成大栅栏西街、煤市街等街巷内7处新建花池的绿化美化，共栽种各类苗木花卉2700余株，新增绿化面积约500平方米			新增胡同绿化面积约200平方米	向1400户家庭发放各类花卉7000余盆；在商业街、西街、大齐家、培英、和平门外东街等重点区域摆放花卉500盆，补栽苗木1500余株

（续表）

	2008	2009	2010	2011	2012	2013	2014
街巷路面修缮	完成廊房二条、粮食店街、门框胡同等的14条便民路翻修	完成32条胡同市政道路改造，珠宝市、粮食店街建设基本完成施工，完成煤市街以东7条胡同外立面整饰工作	完成12条便民路翻修工程，修复破损路面2258平方米	完成南新华街整治、煤市街便道整修工程	修缮延寿街等15条便民路	完成大栅栏西街路面修缮，修缮路面2600余平米	完成韩家胡同、青风夹道、元兴夹道等8条街巷路面修缮及自来水管线改造恢复工程
拆除路面障碍			拆除地桩、地锁250余处				拆除私装地锁20处
院落修缮				完成节水院落改造118个，铺设渗水砖5000余平方米		完成节水院落改造420个，铺设渗水砖约2.06万平方米	完成节水院落改造137个，铺设渗水砖约3600平方米

（续表）

	2008	2009	2010	2011	2012	2013	2014
房屋修缮		修缮房屋2820户			修缮房屋968间	修缮房屋1793间	修缮房屋1410间，共约2万平方米
院门（户门）改造			发放1500把防撬锁	安装防盗门10个、防撬锁1000把	安装防撬锁1000把、平安铃500个		更换破损院门50处
拆除违法建筑			拆除1772个煤棚和违法建设118处	拆除私搭乱建17处	拆除违法建设77处	拆除账内违建120处，1286.62平方米；拆除新生违建18处，约500平方米	拆除账内违建140处，1063.5平方米；拆除新生违建27处，约280平方米
防火安全	街道出资3万元，加强社区消防硬件设施配置	在44条胡同设置消防站点，新增50个应急灭火器箱，配备灭火器200具	新安装50个社区应急消防箱，在街道内形成137个地区消防站点网络	加装消防应急站点50个，更新、维修灭火器275具		更新消防箱46个，配置新灭火器236具，定制新型消防三轮车18辆	年检灭火器1560具，为50个院落安装水喉、26个院落安装水带

（续表）

	2008	2009	2010	2011	2012	2013	2014
清理垃圾		安置90个铁垃圾箱、123个塑料垃圾箱；对街巷长期堆放杂物的角落进行彻底清理	清除无主渣土504车、施工遗留渣土365车、大件废弃杂物364车、树枝50车、小煤炉71个	清除卫生死角165处，清运渣土及堆物堆料470余处、105吨；清理小广告4万余份	对街巷堆物堆料展开大清理		清理“僵尸”汽车8辆、暴露垃圾106处、渣土散落装修垃圾106处、违章广告103处
管线整理		内线施工完成15982户电表安装		完成煤市街东、延寿街、石头社区一带近1600户居民的“一户一水表”内线改造；完成棕树、百顺等8条胡同及东南园小区污水管线改造	完成4000余户“一户一水表”改造	改造下水管线150余米	整理电线3.3万余米
路灯维护						更换路灯20余处，安装节能路灯14处	

（续表）

	2008	2009	2010	2011	2012	2013	2014
宣传设施			建设社区宣传栏 26 处、告示栏 6 处，建立“社区公共服务电子信息系统”	安装大型公益广告牌 2 个；完成社区公共服务信息屏二期建设，安装室外电子信息屏 10 块			
公共服务设施			修建健身场所 2 处		新建便民蔬菜零售网点 2 个		建设完成“爱心互助浴池”，为符合特定条件的老年人和残疾人服务
其他	约 2300 户完成煤改电	约 18000 户完成煤改电	实现以大栅栏商业街、煤市街、前门西大街等重点区域为中心，辐射周边街巷的 126 个安保摄像头全覆盖				修缮门道 14 处

资料来源：作者根据调研结果以及《大栅栏街道 2012 年工作总结和 2013 年工作重点》、《西城区人民政府大栅栏街道办事处 2013 年度工作报告》、《大栅栏街道 2010 年工作总结及 2011 年工作思路》、《西城区人民政府大栅栏街道办事处 2014 年度工作报告》、《北京宣武年鉴》（2009—2010）和《北京西城年鉴》（2011—2014）整理、绘制。

本章参考文献

[1]《北京市城区商业网现状调查资料现状调查表：前门区部分》，1957 年。

[2] 北京市宣武区大栅栏街道志编审委员会编：《大栅栏街道志》，1997 年。

[3] 北京市宣武区地方志编纂委员会编著：《北京市宣武年鉴（2005）》，北京：中华书局 2006 年版。

[4] 北京市宣武区地方志编纂委员会编著：《北京市宣武年鉴（2008）》，北京：中华书局 2009 年版。

[5] 北京市宣武区环境卫生管理局：《北京市宣武区环卫志》第一册，1993 年。

[6]《北平市卫生处为拟定整顿公厕等项计划致市政府呈》，北京市档案馆藏，档案号 J001-003-00048。

[7]《北平市卫生局及各区清道所（队）1928 年 9 月 9 日、10 日工作情形》，《公安局内城医院关于书记白增贵和股长请长假和充补的呈文及公安局的指令以及“清道队”巡官、长警暨夫头夫役名册》，1928 年，北京市档案馆藏，档案号 J005-002-00002。

[8] 邓菊英、李诚：《北京近代小学教育史料》，北京：北京教育出版社 1995 年版。

[9] 侯仁之、岳升阳主编：《北京宣南历史地图集》，北京：学苑出版社 2008 年版。

[10] 鲁勇主编：《北京市宣武年鉴（2002）》，北京：中国对外翻译出版社 2002 年版。

[11] 牛锦红：《民国时期（1927—1937 年）城市规划机制探析》，《城市发展研究》2011 年第 9 期。

[12] 王彬、徐秀珊：《北京街巷图志》，北京：作家出版社 2004 年版。

[13] 宣武区普通教育志编委会编著：《宣武区普通教育志》，北京：北京出版社 2001 年版。

[14] Gamble, Sidney D., *Peking: A Social Survey*, New York: George H. Doran Co., 1921.

第 7 章

历史城区文化遗迹的保护与文脉延续

7.1 文保单位保护与利用

大栅栏地区文物保护单位数量众多，共有 4 处国家级文物保护单位、6 处市级文物保护单位、11 处西城区区级文物保护单位，还有 20 处不可移动文物普查项目和 35 处挂牌保护院落（见图 7-1）。

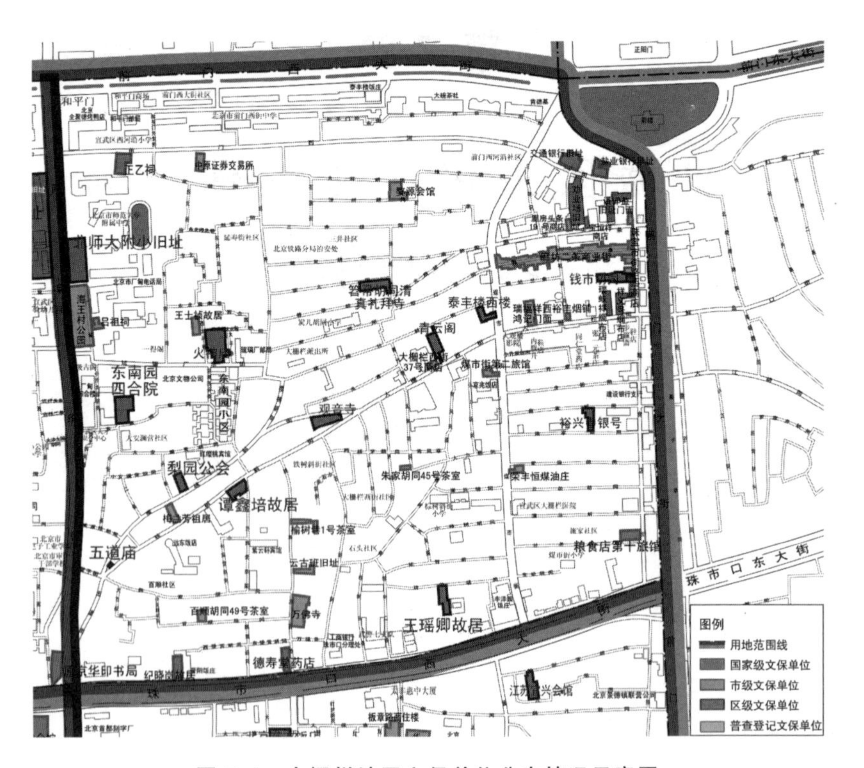

图 7-1 大栅栏地区文保单位分布情况示意图

资料来源：作者根据北京市规划委员会西城分局（现为北京市规划和自然资源委员会西城分局）提供资料改绘。

这些文物保护单位有些仍延续着以前的功能，如瑞蚨祥（店铺）、正乙祠（戏楼）等；有些被改造以为他用，如纪晓岚故居被改造成景点、火神庙改为某文化公司办公地等；有些则已人去楼空，只剩建筑主体，如第十旅馆等。这些文物保护单位的保护状态相差较大，有些得到了国家的高度重视，被重新修缮，如劝业场旧址；有些则存在较大的安全隐患，周围环境也亟待整治，如前门清真礼拜寺等。

由于所处街道的特点不同，文物保护单位存在的主要问题也有较大差异。以下将按照街道区域分类，在实地调查的基础上逐一介绍大栅栏地区商业建筑、钱市胡同传统建筑群、正乙祠、交通银行旧址、盐业银行旧址、第十旅馆、德寿堂药店、纪晓岚故居、琉璃厂火神庙、前门清真礼拜寺等级别较高的文物保护单位，并对其现状做出评价与分析。

7.1.1 历史商业街区的保护与利用

7.1.1.1 珠宝市街及周围

珠宝市街位于北京著名的前门大街西侧，与前门大街、大栅栏街等共同构成北京著名的一片旅游商业文化区。该区域的门店多为老字号，店铺密集且客流量非常大，其建筑以中国传统风格为主，颇具老北京商业文化特色。以下将分别介绍大栅栏商业建筑和钱市胡同传统建筑群两处文物保护单位。

a. 大栅栏商业建筑

大栅栏商业建筑位于北京市西城区前门外大栅栏地区，入选第六批全国重点文物保护单位，由瑞蚨祥、谦祥益、祥义号、劝业场四大商业建筑组成。除劝业场所在的区域人流量较少外，其余三大建筑均在商业繁华的街道上，店铺集中，人流密集，尤其是瑞蚨祥和祥义号，二者位于历史文化保护区——大栅栏街的北侧，节假日时游客摩肩接踵。下文将对这四大建筑逐一进行介绍。

a）瑞蚨祥旧址门面

瑞蚨祥门面位于西城区大栅栏街 5 号（见图 7-2），现仍由瑞蚨祥绸布店使用，客流量较大。铺房于宣统二年（1910）建成，建设结构为二层砖造木屋架结构，占地面积 599 平方米。入口墙体为砖结构镶汉白玉石雕，二层高的壁柱由横向线角分成两段。柱头用爱奥尼式柱配花草，门头有横匾，横匾上及门两侧弧形墙均作海棠池，饰松鹤、莲花及牡丹图案。室内欧式栏杆是铁铸成的，天井边铁柱的柱头也有复杂花纹，地面铺花锦砖。建筑整体保存完好，正面绿色彩漆脱落较多。

图 7-2　瑞蚨祥门面

资料来源：作者拍摄。

b）谦祥益旧址门面

谦祥益位于西城区珠宝市街 5 号（见图 7-3），现仍由谦祥益绸布店使用，客流量非常大。店堂建于清末，为双层木结构建筑，一层用西洋古典柱将立面分成三部分，各设拱券门，二层为铁栏外廊，墙上用壁柱装饰，屋顶则作女儿墙。门脸正面保存较好，少部分红漆脱落，与正面连接的墙体表面亦有较明显的脱落；侧面和背面状态极差，主体结构尚存，暂无结构安全隐患，周围有疑似拆除了的墙体痕迹，大部分红色砖墙裸露，房屋顶上有较多蓝色的彩钢板。背面建筑有观景电梯，电梯中可看到谦祥益背面和房顶全貌，应尽早整治修缮。

图 7-3　谦祥益

资料来源：作者拍摄。

c）祥义号绸布店旧址门面

祥义号位于西城区大栅栏街 1 号（见图 7-4），建于清朝末年，由当时浙江杭州著名丝绸商贾世家冯氏家族后代冯保义联合慈禧太后手下太监总管“小德张”（本名张祥斋）共同创办。迄今逾百年历史，现仍为祥义号绸布店所使用，客流量非常大。“祥义”取自创办人张祥斋的“祥”字与冯保义的“义”字，寓意“天降祥瑞”“恪守信义”。铺房建于清末，为双层木结构建筑。立面用铁栏做铁花装饰，上盖铁雨棚，棚下挂铁花眉子。大门入口处有一高两层的西洋巴洛克风格的铁艺大棚。祥义号整体保存状态较好，但墙体外挂控电设备和较多电线，影响美观的同时还存在一定的安全隐患。

图 7-4 祥义号

资料来源：作者拍摄。

以上三处建筑均是中式风格，与周围其他建筑风格相近，共同构成具有老北京特色的商业文化街，具有较高的历史、文化价值。

d）劝业场旧址

劝业场位于西城区前门廊房头条 17 号，现由北京新新宾馆使用（见图 7-5）。铺房最早建成于光绪三十二年（1906），被毁后于 1918 年重建，是北京最早集购物、娱乐和餐饮于一体的大型近代商场。劝业场占据了地上三层和地下一层的纵向空间，建筑采用钢筋混凝土砖石结构，内部纵向设置大厅三个，四周为三层回廊，临街立面为巴洛克式。劝业场的二、三层作周围跑马廊，屋顶设有采光玻璃天窗。正门入口处有门廊，其上为断山花，门柱用爱奥尼柱式，门头上有女儿墙和雕刻。二层设通长阳台，前为花瓶栏杆，两次间窗上加拱形山花，中间门头为三角形山花。三层为方形门窗，外加饰套，当心间门外挑出阳台，采用花瓶栏杆，二、三层门窗间加爱奥尼式壁柱四根，上承檐口挑檐及花瓶式女儿墙，正中又突起巨大山花。北门也用爱奥尼柱、挑阳台和圆拱花等题材。室内柱子均为西式古典柱式，其古典线脚为花瓶式栏杆、梁、板、天花抹饰。

图 7-5　劝业场

资料来源：作者拍摄。

2011 年，《北京市“十二五”时期历史文化名城保护建设规划》将北京劝业场明确为该规划的实施重点，这座全国重点文物保护单位开始了一轮浩大的重塑修缮工程。此次重修在尊重地方历史和地脉传承的基础上，整体保留了北京劝业场民国时期兴建的建筑原貌，整个修复工程持续多年。修缮后的劝业场与谦祥益形成鲜明的对比，更凸显了谦祥益修缮的紧迫性。

b. 钱市胡同传统建筑群

钱市胡同被西城区人民政府列为第三批西城区文物保护单位，位于西城区珠宝市街西侧（见图 7-6）。钱市胡同一直是北京最窄的胡同，全长 55 米，平均宽 0.7 米，最窄处仅 0.4 米，街内南北共有九组建筑。钱市在清代是官办银钱交易场所，民国以后改建为银号铺房。街内有多组三合院及中西合璧式楼房，在一片狭小的土地上创造出紧凑而多样的建筑空间。

钱市胡同的胡同口非常不起眼，在繁华的商业街上稍不留神便会错过。胡同口内部北侧墙上有西城区文化委员会制作的关于钱市胡同炉房银号建筑群的中英文介绍。钱市胡同内部有非常多的电线、管道、外挂的空调室外机和信箱等设施，还有居民晾晒的鞋、衣物等，总体较杂乱。胡同内的建筑也较老，少量砖墙和灰浆脱落，庭院的木质门较为破旧。

图 7-6　钱市胡同现状

资料来源：作者拍摄。

7.1.1.2　前门西河沿街

相比珠宝市街及周围区域特有的繁华与喧闹，前门西河沿街较为安静，游人较少。该街道较宽，建筑物不甚紧密，文物保护单位也相对分散。下面介绍一下前门西河沿街西边路南的正乙祠和前门西河沿街东边路北的交通银行旧址及盐业银行旧址。

a. 正乙祠

正乙祠（见图 7-7）是北京市公布的第六批文物保护单位之一，位于西城区前门西河沿街 220 号，东为南新华街，南与琉璃厂文化街相连，北面是著名的北京和平门烤鸭店。正乙祠历史悠久，明代曾是一座寺院，清康熙六年（1667），浙江在京的银号商人集资建立祠堂馆舍，因此它又被称为银号会馆。正乙祠作为金融业聚会之地，一直供奉三财神至民国时期。清康熙五十一年（1712），浙商对正乙祠进行扩建并加盖了戏楼。随着京剧的流行，正乙祠戏楼也逐渐兴盛，程长庚、谭鑫培、梅兰芳、王瑶卿等名角儿都曾在这里登台，正乙祠也成了京剧形成与发展的历史见证，被学者誉为“中华戏楼文化史上的活化石”，具有极高的参观价值和历史文化研究价值。时至今日，正乙祠在历经修缮后仍是北京著名的戏楼，《洛神》《贵妃醉酒》等多出戏目在这里上演。

图 7-7 正乙祠大门

资料来源：作者拍摄。

正乙祠戏楼占地面积约 1000 平方米，为木结构建筑，南北向，卷棚歇山顶，楼内戏台坐南朝北，四角立柱，顶上天花板中部开“天井”，通往上方阁楼，凿有方形孔道，设吊钩，供演神怪戏的演员升降或运送砌末用；戏台台板下为中空，设地下室，既可以改善音响效果，又方便演鬼怪的演员遁走；台口左右两角各有一水瓮，装满水后可作调音之用。如此完整的舞台设备，在康熙年间非常难得。戏台对面和两侧均为上下两层敞开的包厢，戏台前约有百平方米的场地，可容纳两百位观众看戏品茶。

目前，正乙祠外部为仿古建筑，灰色砖墙，与周围建筑风格一致。门旁有一对抱鼓石，台阶前有一对雄狮。北京市文物保护标志牌立于门东侧，上有二维码，扫描可了解正乙祠的有关信息。外墙上还挂有防火和禁燃烟花爆竹的告示牌以及正乙祠的演出信息。正乙祠房顶上有较多电线，存在安全隐患。

b. 交通银行旧址

交通银行旧址位于西城区前门西河沿街 9 号（见图 7–8），1995 年 10 月被列入北京市第五批市级文物保护单位名单。该建筑于 1932 年竣工，系著名建筑师杨廷宝的代表作。该建筑气势恢宏，无论是结构还是装修都别出心裁，带有明显的中西建筑思想和文化交融的特点。该建筑地上三层，地下一层，为钢筋混凝土砖混结构，水刷石饰面花岗石贴面基座，主立面以西方建筑构图手法为主，又结合了中国传统建筑中牌坊的特征，顶部仿造额枋用了大块灰塑卷草和云纹装饰，上加斗拱和绿色琉璃檐头；一层主入口门头有绿色琉璃门罩，采用了中国传统垂花门的元素；三层窗洞口用雀替装饰，窗户两侧各有一个突出墙面的立雕龙头；房檐下从右至左书“交通银行”四个大字。东立面一层有一个侧门通往内部，门头向上依次装饰有如意图案、方石雕栏杆和栏板，顶部是双层如意云，两侧为一对立雕龙头雨落水口。

图 7–8　交通银行旧址外立面

资料来源：作者拍摄。

该文物保护单位周围街道整洁，东侧有人造喷泉，与交通银行旧址色调统一，北侧为绿化带，游人较少，整体环境清雅宜人。该文物保护单位保护状态较好，未见明显风化情况，防雷电、防火和监控摄像等安全设施齐全，安保人员到位，但仍存在少许问题：文物保护单位的铁围栏上有电线交织缠绕，影响美观。

c. 盐业银行旧址

盐业银行旧址位于西城区前门西河沿街7号（见图7-9、图7-10），是北京市公布的第五批文物保护单位之一，1915年3月由袁世凯批准建立，因拟将政府所收盐税纳入，故名盐业银行，由原任大清银行理事的岳荣堃任经理。岳荣堃再邀朱虞生为副经理，原天津中国银行营业员李隽祥为营业主任。北京盐业银行开业后日趋繁荣。其营业重点放在放款上，以北京电灯公司为主要对象，数目逐渐增加。放款持续12年之久，总数达400万元。1939年9月，英国首相张伯伦的绥靖政策失败后英国向德国宣战，造成国内行市下跌，盐业银行多年积累的300多万美元几乎尽数赔光。1945年岳荣堃病逝，由原任上海盐业银行经理的王绍贤接任北京盐业银行经理。1951年9月，北京盐业银行与金城、中南等银行实行公私合营。

图7-9　盐业银行旧址

图7-10　盐业银行旧址一角

资料来源：作者拍摄。

盐业银行旧址为中国近代的大规模建筑，占地约800平方米，钢筋混凝土砖混结构。其面阔七间，以红砖墙为主调。两尽端略用块石饰壁柱，柱头有雕饰。中间五间用二层高的爱奥尼柱式，上作檐壁、檐头。三层窗头用三角形山花装饰，最上端有花瓶栏杆式女儿墙。其余三面装饰简单，大片红墙局部用白色腰檐和白色窗套。门窗洞口较大，利于采光，一层用弧形拱券，二、三层为方窗。整个建筑造型为欧美银行常见的风格。

盐业银行旧址整体保存状态较好，有个别红砖掉落，建筑台基表面有较薄的酥粉和层状剥落现象。由于石材内部毛细孔较多，易受毛细水及可溶盐的侵蚀而发生表面酥碱粉化，加之周期性温湿度变化及水盐活动，这种风化现象在所难免。盐业银行旧址周边环境整洁有序，周围建筑多是西方或中西结合的风格，整体面貌和谐。

7.1.1.3 珠市口西大街及周围建筑

珠市口西大街较宽阔，有双向主辅路，为北京市东西向主干道之一。该街道是交通要道，处于其周边的文物保护单位不易受到路人的关注。除纪晓岚故居被改造为旅游景点而吸引了较多游人之外，其余的文物保护单位倍显冷清。

a. 第十旅馆

粮食店街第十旅馆被列为北京市第六批市级文物保护单位，位于西城区粮食店街 73 号，距离珠市口西大街与粮食店街交汇处不足百米（见图 7-11）。该遗址坐西朝东，砖木结构，两层，面阔七间，平面呈“日”字形。建筑内有两个内天井，房间沿天井四周布置，四组楼梯设于厢楼山墙一侧，各楼前廊之间又加平顶围廊连接，形成跑马廊。建筑正立面较简单，青砖清水墙正中为入口，门头上有匾额。其余为方窗，带平券窗套，并略作雕饰线脚。由砖壁柱和腰檐划分立面，腰檐上有小垂花头雕饰。屋顶有女儿墙，中砌海棠池。该建筑做工精细、朴实规整。

该文物保护单位整体保存状况较好，部分砖体表面脱落，台基有较明显层状酥粉，应是自然风化所致。第十旅馆所处的粮食店街虽与珠宝市街南端相连，但已离大栅栏商业文化区较远，人流量较少。门前的路较宽，路边停有较多社会车辆。

图 7-11　第十旅馆外立面

资料来源：作者拍摄。

b. 德寿堂药店

德寿堂药店是北京市第七批市级文物保护单位之一，位于西城区珠市口西大街 75 号（见图 7-12）。药店建于 1934 年，创办人为康伯卿。20 世纪 30 年代，德寿堂以自创鸡鹤为注册商标的“康氏牛黄解毒丸”享誉京城，现为北京市医保定点药店和北京市旅游定点商店。

图 7-12　德寿堂药店正门

资料来源：作者拍摄。

德寿堂药店有三个独特之处，从而在众多药铺中脱颖而出：其一是经营方式独特。德寿堂为前店后厂型药铺，由于其生产销售的药品选料精良、加工精细、质量可信、价格公道，在京城逐渐叫响了字号，赢得了信誉。"康氏牛黄解毒丸"面市后，因其配方独特和疗效显著，在20世纪30年代的南洋赛会上荣获奖章，还在中南海国货精品展览会上获得褒奖，从而使德寿堂药店享誉全国。其二是宣传方式独特。德寿堂的二层楼顶南侧外立面安装了一个燃油驱动仿真小火车，可穿过外立面开凿的涵洞并沿环形轨道循环运转，这一独具匠心的宣传方式引得观者如潮，使德寿堂更加名声显赫。其三是建筑风格独特。该建筑地上两层，灰砖清水墙，木结构，立面为近代折中主义形式，用砖壁柱竖向划分间数，用横向砖线角砌出檐口，二层出外廊，顶部做一间穹顶钟楼。后院为围合式建筑，用有限的空间充分满足商业功能的需要，是近代商业建筑的代表作品之一。

1949年以来，德寿堂药店所在的建筑共经历了四次修缮，2003年底开工的第四次整体修缮按照修旧如旧的文物修缮原则全面进行，于2004年9月完工。修缮后的德寿堂药店正常营业，是目前北京市唯一完整保留店堂历史原貌的老字号中药店。德寿堂药店现保存状态较好，未见明显病害和安全问题，东面墙体上有一竖直的裂纹，有可能是地基受力不均所致，应重点观察监测。

c. 纪晓岚故居

纪晓岚故居是北京市第七批市级文物保护单位，位于西城区珠市口西大街241号（见图7-13）。该遗址原为岳飞二十一代孙、兵部尚书陕甘总督岳钟琪的住宅。纪晓岚在这里居住过两个时期，分别是从他11岁到39岁和从他48岁到82岁，前后共计62年。民国时期，此宅曾是国剧学会和京剧科班社址，1958年晋阳饭庄落户于此。如今，两进的四合院成为景点，又名阅微草堂，须购票参观，有专人负责给参观者讲解。

纪晓岚故居为清式砖木结构，占地 570 平方米。其布局为坐北朝南，临街大门为硬山顶吉祥如意式门楼，位于整个住宅的东南角。与大门洞相连接的西侧南房为四间开门的“倒座”。前院内有一架藤萝，相传为当年纪晓岚亲手所植。至今虽经两百余年，但仍枝蔓盘绕，绿叶遮天。前院正面为明三陪六的大厅，前山设一门二窗，围以砖雕，后山有门通内院，厅后有廊。厅内横梁上部均有木棂花窗。大厅内宽敞明亮，典雅华贵。厅后内院两侧，原有纪晓岚所栽海棠两株，今仅存东侧一株，至今仍枝干粗壮。后院正面即为“阅微草堂”。“草堂”平面呈倒“凸”字形，为前三后五、前出廊的硬山顶式建筑。前三间中间为门厅，左右两间各以隔扇相隔为“耳室”。后五间为“草堂”，东西通间，进深两间，共为十间。堂内北面正中设屏风，上悬“阅微草堂旧址”横匾，为著名书法家启功先生所书。纪晓岚故居饱经两百余年的风雨沧桑，有着众多的历史烙印和深厚的文化积淀。

图 7-13　纪晓岚故居

资料来源：作者拍摄。

纪晓岚故居整体保存情况较好，厢房的椽子上部分彩漆脱落。故居西厢房后面堆放有笤帚、椅子、铝锅等工作人员的用品，略显杂乱。纪晓岚故居游客量较小，且大多在讲解员引导下进行参观，对文物保存影响很小。

7.1.2 历史寺庙

7.1.2.1 琉璃厂火神庙

琉璃厂火神庙位于西城区大栅栏街道琉璃厂东街 29 号（见图 7-14），2009 年列入第三批（原）宣武区文物保护单位名单。火神庙始建于明朝，清代多次重修，寺庙原供奉火神，为琉璃厂书店商铺趋吉避凶、祭祀之所。每年正月初一至十五的厂甸庙会期间，它成为玉器交易市场，颇负盛名。

图 7-14 火神庙正门

资料来源：作者拍摄。

琉璃厂火神庙坐北朝南，南北宽 42 米，东西长 42 米。门脸火红，正殿三间七檩加前廊一步，两侧有带前廊的耳房各三间。两厢房各面阔三间，进深五檩前出廊。倒座面阔三间进深五檩。正殿西、北、东三面为传统平房和生活用房。琉璃厂火神庙建筑均为青砖清水墙，前摆、丝缝做法，硬山筒瓦，顶带吻兽，檐下梁枋画苏式彩绘。建筑布局规整，质量较高。

琉璃厂火神庙建筑保存状态整体较好，但檩上的彩漆起翘脱落较严重。火神庙门外东侧墙上有较多杂乱的电线，存在安全隐患。西侧墙上挂有西城区文化委员会制作的关于琉璃厂火神庙的中英文简介。

7.1.2.2 前门清真礼拜寺

前门清真礼拜寺（见图 7-15）于 2009 年列入第三批（原）宣武区文物保护单位名单，位于北京市西城区大栅栏街道扬威胡同 9 号、茶儿胡同 2 号、笤帚胡同甲 1 号。该寺原名笤帚胡同清真寺，2000 年改名为前门清真礼拜寺。明朝修建后，清康熙十九年（1680）和乾隆六十年（1795）进行过重修。1987 年该寺恢复了宗教活动。2008 年至 2011 年进行了修缮，最大限度地保留了原有的建筑风格。现由西城区伊斯兰教协会管理使用。

礼拜寺占地面积约 1800 平方米，为北京传统四合院形式，砖瓦结构，由门楼、过厅、沐浴水房、连廊、礼拜殿、窑殿等主要建筑构成。坐西朝东，二进院落。正门为三座砖砌封火式门楼，门楣上刻有“清真礼拜寺”。正门内南有沐浴室，北有门房。前院较小，向西有三间过厅通里院。里院呈正方形，北房三间为阿訇室。礼拜殿在正西，进深六间，前部面阔三间，后部面阔五间，由六个硬山屋顶组合而成。西接六角砖顶窑殿。

目前建筑主体结构保存较完整，外观简朴，内部装饰已有所改动。修缮后的建筑保存状态较好，寺内用阿拉伯文镌刻的石碑因自然风化已有部分字迹模糊不清。寺门口的方形门枕石风化非常严重，南侧的已难以辨别出原有纹饰。四周街道狭窄，电线极多，非常影响美观。

图 7-15 前门清真礼拜寺

资料来源：作者拍摄。

7.1.3 小结与评价

从上述多处文物保护单位可以发现，大栅栏地区多数文物保护单位近年来经历过修缮，目前建筑主体保存状态较好，主要问题为自然风化引起的彩漆脱落、台基表面出现酥粉和石质部件纹饰模糊等。

在环境方面，不同区域由于街道房屋密集程度、人员组成不同，主要问题也不同。珠宝市街上主要是商铺、游客较多，文物保护单位临街一面整体保存状态都较好，但是不显眼的地方尚有很多不足，尤其谦祥益的侧面和背面状态之差，与大环境格格不入；前门西河沿街环境清幽、街道整洁、游人较少，该街两侧的文物保护单位保存状态很好；珠市口西大街为交通主干道，虽然来往人员很多，但游人较少，文物保护单位保存情况也较好；琉璃厂东街和前门一带的各个小胡同则街道狭窄，居民众多，文物保护单位周边也难免出现车辆乱停乱放的现象，街道和建筑物上还有很多电线，存在较大的安全隐患。

在安保方面，大栅栏地区的文物保护单位的整体情况较好，不仅均设立文物保护标志牌，大多数文物保护单位外墙上还挂有大栅栏地区防火和禁燃烟花爆竹的安全告示。本次调查的所有文物保护单位均在门口处安装有监控摄像头或安排了安保工作人员，安保工作到位。

在宣传方面，本次调查的所有文物保护单位的保护标志牌或外墙上均有二维码，手机扫描后可看到该文物保护单位的历史沿革、建筑特点等基本信息。其中对正乙祠的介绍非常全面，不仅有文字介绍，还有重力感应的戏楼3D景览和语音介绍，让人仿佛身临其境。正乙祠、纪晓岚故居、德寿堂药店等尚在营业的文物保护单位还有自己的官网或微信公众号，用于发布该文物保护单位的信息和近期活动的预告。相比之下，对未延续其原有功能的文物保护单位的宣传力度较小。

7.2 非文保单位和街区的历史完整性

7.2.1 非文保单位的调查和识别

非文保单位指的是尚未被列入国家和地方的文物保护名录，但是具有一定历史文化价值的建筑物、构筑物、街区和其他历史遗迹。相对于文保单位来说，非文保单位在数量上、空间广度上更为突出，而且有些非文保单位是居民日常生活的场所，与居民日常生活联系更加紧密。

非文保单位的识别和遴选遵循四个原则：历史性、社会性、实用性和可遗传性。历史性指的是非文保单位应该具有一定历史文化价值，能够忠实地记录和展现某一时期人类历史文化发展的状态和变化。社会性指的是非文保单位往往是社会活动的重要场所、建筑物、构筑物或者植物（例如古树），在集会、节庆或公众教育方面具有一定的价值。实用性指的是非文保单位被居民日常使用或接近，通常是日常生活的空间场所或者日常生活空间的一部分。可遗传性指的是非文保单位具有一定的物理空间，保存相对较好，能够被传承。

本研究对大栅栏地区的建筑物、构筑物和街巷格局等进行了详细调查，识别出调查区域的非文保单位，并列出清单，如表 7-1 所示。

表 7-1　调查区域内拟保护的非文保单位分布情况

胡同名	门牌号	胡同名	门牌号	胡同名/小区名	门牌号
石猴街	7	大外廊营胡同	26	大齐家胡同	36
前门西河沿街	57	杨威胡同	6	延寿街	79
前门西河沿街	87	贯通巷	1	延寿街	77
前门西河沿街	207	耀武胡同	16	延寿街	104
前门西河沿街	126	百顺胡同	26	延寿街	69
前门西河沿街	234	百顺胡同	15	延寿街	124
和平门外东街	9	百顺胡同	1	延寿街	122
和平门外东街	7	百顺胡同	34	延寿街	35
廊房二条	24	铁树胡同	95	延寿街	134
廊房三条	14	铁树胡同	28	延寿街	128
廊房三条	4	小沙土园胡同	18	延寿街	79
取灯胡同	9	小沙土园胡同	10	延寿街	118
取灯胡同	15	樱桃斜街	104	延寿街	128
取灯胡同	22	樱桃斜街	123	延寿街	29
蔡家胡同	8	樱桃斜街	53	延寿街	81

（续表）

胡同名	门牌号	胡同名	门牌号	胡同名/小区名	门牌号
茶儿胡同	6	五道街	38	东太平巷	4
茶儿胡同	7	五道街	1	东北园	16
茶儿胡同	38	五道街	58	东南园小区	35
炭儿胡同	3	五道街	34	东南园小区	41
炭儿胡同	13	臧家桥胡同	17	东南园小区	23
炭儿胡同	22	培英胡同	21	东南园小区	45
炭儿胡同	33	培英胡同	27	大安澜营胡同	15
三井胡同	22	石头胡同	91	大安澜营胡同	9
三井胡同	48	石头胡同	105	大安澜营胡同	23
三井胡同	24	棕树斜街	46	厂甸胡同	11
三井胡同	14	万福巷	11	厂甸胡同	7
三井胡同	25	小外廊营胡同	3	厂甸胡同	11
北火扇胡同	7	东北园北巷	1	西太平巷	16
北火扇胡同	22	陕西巷	13	小安澜营头条	2
北火扇胡同	17	陕西巷	66	百合园	10
北火扇胡同	22	陕西巷	7	大耳胡同	7
耀武胡同	37	陕西巷	28	大耳胡同	23
耀武胡同	22	陕西巷	25	大耳胡同	45
笤帚胡同	19	陕西巷	54		
笤帚胡同	21	陕西巷	73		
和平门外东街	5	陕西巷	75		
粮食店街	48	陕西巷	39		
湿井胡同	19	榆树巷	20		

资料来源：作者根据调研结果整理。

7.2.2 物质结构的完整性

7.2.2.1 建筑结构的完整性

建筑结构的完整性是对建筑物质量的评估，也是维持历史建筑存在和正常使用的前提。建筑结构主要包括建筑墙体、屋顶、地面、门窗等。

研究区域内的历史建筑由于年久失修，在建筑质量方面存在诸多问题。研究发现，区域内绝大多数历史建筑（70%）都处于需要修缮但是尚可勉强使用的状况。而高达12%的建筑是影响使用、亟待修缮的，不需要修缮的房屋只占10%。有将近60%的房屋出现了比较严重的质量问题，说明调查区域内的房屋质量不尽人意，依然缺乏日常维护。最常见的是房屋受潮和墙体开裂的问题，超过半数的房屋存在房屋受潮长毛（62.7%）和墙体开裂（52.0%）现象，另有33.3%的房屋漏雨，近40%的房屋门窗破损，还有5.3%的房屋被居民反映属于危房，已经出现了部分坍塌等严重问题。虽然比例不大，但是严重威胁居民的人身安全。由此可见，房屋的安全性问题依然是保护和改造的重点。绝大部分的房屋没有出现此类严重问题，说明非文保区的建筑虽然破旧，但多数还是可以通过日常维护加以完善的。

住宅出现墙体开裂、门窗破损的居民中，有高达90%的居民表示自己的房屋需要修缮，而对于受潮长毛的居民住宅，只有76%的居民认为需要修缮。这反映出，上述几种损坏的类型对居民生活的影响是有差异的。墙体开裂是影响大栅栏非文保区建筑质量的最主要的因素，也是日常维护的重点。

1987年，国际古迹遗址理事会在第八届全体大会上通过《保护历史城镇与城区宪章》，即《华盛顿宪章》(Washington Charter)，提出日常维护对历史街区和历史城镇至关重要。调查结果显示，非文保区需要维护和修缮的历史建筑中有61.2%的建筑得到了建筑使用者的修缮，而历史建筑平均修复次数为1.2次，进行过一次修复和进行过两次修复的建筑占比分别为54.5%和33.3%。经修缮后，只有46.5%的建筑使用者认为自己所做的修缮与原有历史建筑的风格是协调的。笔者在调研中发现，一些居民使用简易的材料进行修补，修补的区域与原有的风格极不协调。如图7-16所示，这种简易的修复出于生活需要以及建筑功能完整性的需要。由于难以找到与原有构件相似的材质以及维护费用的不足，居民只能采用简易的材料甚至一些建筑垃圾对历史院落进行修补。

图7-16　民间简易改造的建筑构件

资料来源：作者拍摄。

在我国，历史街区建筑物的权属问题是历史街区保护的一大难点。在产权方面，大栅栏一带的非文保区历史建筑的产权属性多为公有性质，占比为63.7%；17.4%的受访住户居住在产权人出租或出借的房产中；受访住户中拥有所居住宅产权的比例仅为19.4%。由此可见，绝大多数历史建筑的使用者并不拥有建筑物的产权。

研究结果显示，居住在公房且房屋情况为“需要修缮但是可以勉强使用”和“影响使用亟待修缮”两种状态的住户，选择对房屋进行修缮的比例分别为55%和62.5%，远远低于居住在自有产权房屋的住户。因“产权归属不明确”而不愿对房屋进行修缮的住户所住房屋为公房的约占75%，住在公房中的租户和其他租户并不乐于参与到对自己所居住的历史建筑的修缮过程中去，甚至用一种粗放短期的使用方式对待这些历史建筑，超负荷使用和必要修缮的缺失使得这些历史建筑的日益衰败（朱隆斌等，2007）。调查显示，公房的使用者在历史建筑的日常维护和修缮问题上所表现出的态度和行为与私人租客没有显著区别，这对历史街区的保护造成了一定的阻碍。

在政府提供维护方面，政府给受访者修缮房屋次数的平均值为0.871（见表7-2）。具体说来，政府给大部分住户（60.3%）修缮了房屋，但是次数不多。绝大多数住户（80.3%）表示，政府只给他们修缮了一次房屋，修缮两次、三次和三次以上的则更少见，只占8%左右。

表7-2　修缮情况表

项目	中位数	平均值	平均值的置信区间	标准差	最小值	最大值
面积（平方米）	19	26.2	20.9—31.6	29.9	6	269
户数（户）	6	8.70	7.14—10.3	8.45	1	44
常住人口（人）	3	3.07	2.87—3.28	1.14	1	9
政府修过几次房子	1	0.871	0.59—1.04	1.21	0	10
自行修缮次数	1	1.61	1.36—1.86	1.01	0	5
修缮的协调程度	3	2.57	2.36—2.78	1.17	1	5
文保单位数量（处）	2	2.62	2.18—3.06	2.36	0	20

资料来源：作者根据调研结果绘制。

说明：修缮的协调程度是作者依据调研结果赋值打分所得。修缮的协调程度低赋值为1，修缮的协调程度中等赋值按由低到高为2—4，修缮的协调程度高赋值为5。

2004年，宣武区（后并入西城区）编制的《北京前门大栅栏地区保护、整治与复兴规划（说明书）》中明确提出，保护区内应外迁的住户包括"在各种帮助下仍无力按照规定对房屋进行保护和修缮的产权人或承租人"。而在非文保区，则没有相关的规定，有相当数量的居民依然无视历史建筑的日常维护，损害了历史建筑结构完整性。

7.2.2.2 建筑功能的完整性

历史建筑不能脱离其功能而存在，所以功能的完整性也是物质结构完整性中很重要的一环。功能的完整性主要体现在居住建筑使用功能的完整性和基础设施的完整性两个方面。

目前，研究区域内历史建筑的存在形式多为大杂院。大杂院的特点是多户共用一个院落，各家各户都存在面积狭小、私密性差等问题，并且缺少厨房、厕所等功能性房间。在调查中笔者发现，有59.5%的住户私自对房屋结构进行了改造。43.7%的住户对厨房进行了私自改建，如此高的比例说明厨房空间对住户日常生活的重要性。笔者对部分改造过厨房的住户进行了访谈，询问居民私搭乱建的动机。居民王某表示，原来的四合院都是一家人住的，而现在由8户人家共同使用，原来厨房只有一个，而家家户户都需要做饭，所以每户都要自己修建厨房。对于对私搭乱建的质疑，王某显得很无奈。可见，私自搭建厨房是出于居民生活的刚性需要。如果要对居民居住的院落进行功能改造，首先要解决的就是厨房的问题，不顾居民实际使用需要而盲目拆除居民违规建设的厨房的改造手段是行不通的。要想整治私搭乱建厨房的现象，则必须在原有的住房里配备足够的厨房空间，以满足居民基本的生活需要。

在调查区域中只有8.7%的住户进行了卫生间的建设，说明卫生间虽然也是一个重要的设施，但在目前较差的居住条件和局促的面积限制下，当地居民还没有产生拥有独立卫生间的迫切需求。卫生间的建设是可以被暂时搁置的，大部分居民都接受使用位于胡同中的公共卫生间。

进行房间重新分隔和修改门窗位置这两项改造的住户比例相当，分别为16.7%和17.5%。重新分隔的原因在于居住面积较小而人口较多，需要更多的房间。为了实现四合院向大杂院转换过程中房屋功能的转化，在居住面积狭小的情况下，为了满足基本的生活需要，居民被迫在仅有的一间房中分隔出睡觉和起居的空间，并修改门窗位置以加强采光。

在基础设施改造方面，政府为 82.5% 的住户进行了煤改电的改造，73% 的家庭实现了自来水入户。这些改造实现了清洁能源的基本覆盖，减少了空气污染，让居民用上了方便清洁的水，在一定程度上改善了当地居民的基本生活条件。有些住户自行接入市政管线以实现基础设施的改善，但受相关法律和技术要求的限制，上述现象还不是很普遍。只有 19.8% 的住户自行接入自来水，9.5% 的住户自行接入电网，2.4% 的住户自行接入天然气。而网络等现代设施多为住户自行搭接，研究区域内使用网络的住户占比为 84%，其中自行搭接网线的住户占比为 90%。

7.2.3 历史风貌的完整性

建筑文物与城市的历史风貌是城市个性的外在表现，也是城市文化的集中体现。大栅栏一带非文保地区保存了大量的历史风貌建筑，现有的建筑风貌丰富多样，既有中式建筑，也有西洋建筑。在历史风貌方面，调查区域的历史风貌水平有待提高。所调查的建筑中有 57.6% 的建筑为历史风貌建筑，其中建成年代为民国时期的居多（63.6%），而清代或者清代以前的建筑占 26.4%，这些建筑中大概有 40% 在 20 世纪 80 年代经历了一次由政府主导的翻建，完全自建自修的住房并不多，只占 9%。

未经翻建的历史风貌建筑虽然经历百年风吹雨打显得十分残破，但是其建筑风貌以及所包含的历史信息基本可以识别。而一些经历翻建的历史建筑，虽然外观看起来还算完整，但是保存的历史信息基本丢失，难以识别，风貌也变得很粗糙。灰色的水泥墙面和露出的红砖体现了 20 世纪七八十年代兴建的经济住宅的风格，从建筑细节和材料上已经很难看出其原始形态了。色彩方面，这些翻建建筑混在以灰色、青色为主的历史建筑中，并不显得突兀。而一些新的建筑，尤其是二三层的功能性房屋或板房则与历史城区的整体风貌极不协调。如图7-17所示，在鸟瞰图中，一些白色色调的二层现代建筑严重影响了历史城区的整体风貌。而屋顶不同于历史建筑的色彩和明显超出街区平均高度的层高则是这种不和谐的主要原因。

在居民院落由四合院沦为大杂院的过程中，建筑风貌变化和私搭乱建明显，与历史街区的风貌协调程度较差，在调查中只有21.6%的居民表示他们的房屋与历史风貌协调。有超过一半的居民表示他们的房屋的风貌较差，不具有保留价值。只有40%的居民表示自己所居住的街区具有历史风貌的完整性。

图7-17　大栅栏地区非文保区的建筑风貌鸟瞰图

资料来源：作者拍摄。

在访谈中笔者发现，那些表示自己的房屋具有保留价值的居民也未必表达了其真实的想法。有些居民是出于“希望保留自己的房屋，从而使自己不必搬离现有居住区域”的目的而表示自己的房屋具有保留价值。

在调研过程中，笔者还发现对历史建筑进行破坏性改造的现象。如图7-18所示，这是位于陕西巷的一座著名历史建筑，但不属于文物保护单位。这是当年的著名青楼——上林仙馆，当年赛金花在此挂牌，当时名为“怡香院”。

图 7-18　上林仙馆现状图

资料来源：作者拍摄。

由于原房屋主人来自多雨的江南地区，因此上林仙馆被设计为坡屋顶结构。现在，这里是一座具有文化气息的高档青年旅社，名为阿莱客栈。旅社主人私自将屋顶改成水平的形式，并修建了女儿墙，与原有的建筑风格非常不协调。在一些非文保区建筑的修缮中，当视觉景观和使用功能存在冲突时，使用功能总是可以获得更高的优先级。由于这些破坏原始风貌的改建和修缮，历史街区视觉景观完整性大打折扣。而广泛存在的私搭乱建现象在侵占开敞空间的同时，也对历史风貌的完整性造成了较为严重的破坏。

对于历史风貌的完整性保护体现了城市历史城区保护意识的提高，也是对整体性保护理念的进一步诠释和发展，因此，以风貌保护的原则来指导旧城保护和修缮工作是必要的。在对街区标识系统、建筑、道路、绿化等进行改造时，也要注意吸收传统文化的元素和精髓，使之在外表和形象上与传统风貌地区保持和谐统一，整体提升历史街区的文化品位。

7.2.4　社会功能的完整性

7.2.4.1　文化认同

文化认同是社会功能完整的一个重要特征。文化认同指的是在一定区域内人们在文化上达成的共识，文化认同在历史城区中形成一种归属感和内聚力，保持历史城区社会功能和社会文化的完整性。

在文化认同方面，大栅栏地区居民对自己居住的区域的文化地位有一定自信。调查中，高达65.6%的居民表示他们所居住地区的社会文化形式能代表北京地方文化。“大栅栏”“琉璃厂”是北京传统商业街区的著名象征。

大栅栏地区有一批历史悠久、驰名中外的老字号店铺，如同仁堂药店、瑞蚨祥绸布店、内联升鞋店、马聚源帽店、张一元茶庄等。这些老字号的声名至今不衰，成为老北京人寻根怀旧的重要途径。“头顶马聚源，身披瑞蚨祥，脚踏内联升，腰缠四大恒”勾画出了老北京成功人士的典型形象，这句顺口溜形象地反映了老北京人对这些老字号店铺的强烈的文化认同。

文化认同还体现在居民对居住区域的眷恋程度上，即“地域认同”。对故居和老街巷的归属感就是居民对历史街区社会和文化认同的一种体现。因为对历史街区的文化认同，一些居民把自己当作历史街区的一分子，有一定的地域归属感。即使政府愿意为其提供条件更好的安置用房，这些居民也不愿意搬离这些老的历史街区。周向频、唐静云（2009）在对成都宽窄巷的历史街区进行研究后指出，强烈的归属感和融洽的邻里关系使得居民对老街道环境的依恋超出对现代化生活的向往，这是这些居民不愿意迁出历史街区的主要原因。

笔者对一些表示不愿意搬迁的居民进行了深入的访谈，从中得知，这些居民多为老北京居民，他们安土重迁，对远在郊区的安置房和货币补偿不感兴趣，这些居民最核心的诉求是在改造工程中完善自己房屋的居住环境。他们希望在原居住地获得更大的使用面积，并在一定程度上提高基础设施的服务水平。有居民提出，希望能拥有一个合法的、不会被城管拆除的厨房空间，因为当前他们没有厨房，被迫在院子里做饭。

调查发现，52%的居民表示他们没有搬迁意愿，而另外48%的表示如果价格合适就愿意搬家的居民提出了高于市场价2倍左右的高价补偿要求，这也从一个侧面反映了居民安土重迁的思想和文化的认同，居民不愿意搬离现在的居住地，就给现有的房产标出很高的价格，以表达对自己所在环境的眷恋。

在调查中我们发现，由政府主导的房屋更新与翻建在改善居民生活环境的同时，也给了居民更多的理由留下来。一个居民说，在去年如果腾退可以实施，愿意以每平方米20万元的价格补偿款腾退，而今年即使每平方米补偿25万元也不愿腾退，原因在于去年年底政府对其房屋进行了修缮，并在一定程度上改善了其生活环境。由此可知，一些搬离的居民的主要考量在于居住条件的极度恶化，而如果居住条件能得到改善，他们仍愿意留在长期居住的区域。促使他们留下来的主要因素，就是在此长期居住过程中形成的文化认同，以及这种认同带来的归属感。

对原住居民和迁入居民的行为进行比较调查的结果显示，对于迁入25年以上的居民而言，92.5%的居民喜欢参加社区活动，56.7%的居民认为历史街区改造影响了他们的生活，20.9%的居民对所在街区的保护规划政策有所了解。而对于迁入居民来说，89.5%的人喜欢参加社区活动，78.9%的人认为历史街区改造影响了他们的生活，15.8%的人对所在街区保护规划政策有所了解。由此可见，与迁入居民相比，原住居民对参加社区活动有更高的积极性，对外界的干扰具有更强的抵抗力，也更为关心所在街区的政策。这三个指标的差异，也体现了文化认同程度的差异。

7.2.4.2 社会组织的完整性

社会组织的完整性体现在历史街区中传统社会网络的完整性和社会网络对新迁入居民的同化程度，以及社会组织的兼容性。

关于迁入时间的调查表明，34.9%的居民已经在此区域居住了

45年以上，可以被认为是地道的老北京人。还有18.3%的居民在1990年以前便在此居住，他们可以被认作经历过北京社会变迁的人。1990—2000年是居民迁入较为密集的时期，占22.2%，也是较早迁入的一批居民；还有9.5%和11.1%的居民迁入时间分别为9—15年和4—8年；3年内迁入的居民只占4%。可见，该研究区域的绝大多数居民是原住居民。

院落是前门大栅栏一带非文保区的社会基本组成单元，原来的四合院在“文化大革命”时期随着“房屋紧缩”政策实施迁入大量居民而沦为大杂院。这种院落群居的居住形式作为历史遗留问题延续至今。居民的住宅基本都在大杂院中，居民的社交也以大杂院为基础而拓展。

调查研究显示，81.9%的居民表示对同一院落的居民比较熟悉或非常熟悉，达到可以聊天串门（40.9%）和能够互相帮助（41%）的水平。16.5%的居民表示，虽然对同一院落的居民不太认识，但是见了面可以打招呼。很少居民表示这里有着大家庭一样的人际关系。只有一个居民表示不认识院落里的任何邻居。由此可见，该地区的传统社会网络基本完整，院落居民大体上相互熟悉并能够进行有效的社交活动。

根据社会学理论，迁入居民的同化以四种形式体现：经济整合、行为适应、文化接纳和身份认同（杨菊华，2010）。分析来京年限和产权权属可知，随着时间的推移，居民拥有房屋使用权的比例逐渐扩大（具体见表7-3）。居住时间超过15年的居民的拥有房屋使用权的比例较高，分别达到89.3%（16—25年）、91.3%（26—45年）和95.4%（45年以上），而其中拥有房屋所有权的比例分别为10.7%（16—25年）、17.4%（26—45年）和31.8%（45年以上）。迁入0—3年的居民都没有房屋使用权，而迁入4—8年的居民大部分（64.3%）已经拥有房屋使用权，其中包括50%仅拥有房屋使用权的居民及14.3%同时拥有房屋使用权和房屋所有权的居民。这说明在迁入该区域4—8年的时间段内，迁入居民实现了经济整合，已经在一定程度上融入了社会组织。

表7-3 居民迁入时间与拥有房产的关系

迁入时间	拥有房屋使用权（%）	同时拥有房屋使用权和所有权（%）	仅拥有房屋使用权（%）
0—3年	0.0	0.0	0.0
4-8年	64.3	14.3	50.0
9-15年	60.0	10.0	50.0
16—25年	89.3	10.7	78.6
26—45年	91.3	17.4	73.9
45年以上	95.4	31.8	63.64

资料来源：作者根据调研结果整理。

对于邻里关系，绝大多数居民表示关系还可以或对关系很满意，认为邻居们很友善。部分居民表示可以在邻居中找到朋友（21.6%），院落居民就像一个大家庭（20.8%），只有8.8%的居民对邻里关系表示不满。根据调研数据的相关性可以得知（见图7-19），居民之间关系的亲疏与居民的熟悉程度相关。

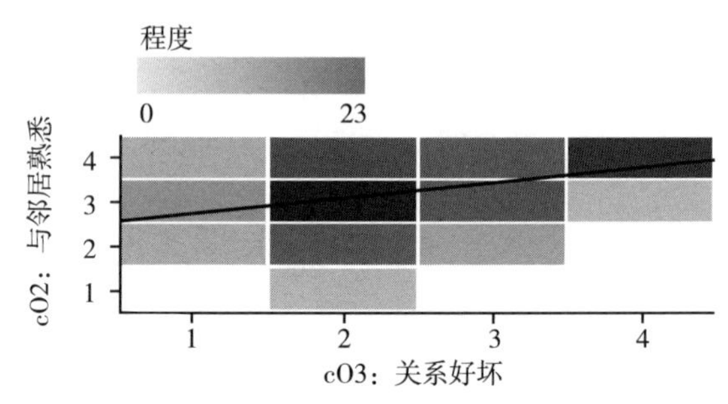

图7-19 熟悉程度与邻里关系的相关性

资料来源：作者对调研结果进行分析后绘制。

说明：居民的“关系好坏”程度和“与邻居熟悉”程度均是依据自身情况由低到高打分所得。

在调查中，笔者把居民之间的熟悉程度和对邻里关系的满意程度按照程度高低赋值1—4，请居民打分。就“居民之间的熟悉程度”而言，1分表示居民之间不熟悉或对邻里关系不满，4分表示居民之间很熟悉，2分和3分则介于这两者之间。就“对邻里关系的满意程度”而言，1分表示居民对邻里关系非常不满，4分表示对邻里关系非常满意，2分和3分介于这两者之间。根据调研数据的相关性分析可知，居民之间关系好坏受迁入时间影响，但并不单纯地随着迁入时间变长而变好。

研究表明，迁入街区4—8年的居民对社区邻里关系的评价最低。居民对邻里关系的评价由刚迁入时的高水平（3.0）逐渐降低，在4—8年的时间段内达到一个较低的水平（2.39），之后稳步上升，达到一个较高水平（2.67）后趋于平稳。

由此可以提出一个假说：迁入历史街区的居民融入期为4—8年。0—3年内，迁入居民对环境不熟悉导致其在社会交往中有所顾忌，而且尚未进行经济整合，初来的新鲜感和对未来的美好期望令其有意愿融入社会网络，努力维持良好的社会关系。而在迁入的4—8年间，随着这些居民经济整合的基本完成，在邻里逐渐熟悉的过程中，迁入居民原有的生活方式和行为习惯与周围原住居民发生一些碰撞和摩擦，使得人际关系的满意度降到一个比较低的水平。这个因为不同行为习惯发生摩擦而不断改变自己以适应周围社会环境的过程就是行为适应的过程。8年之后，随着迁入居民适应过程的完成，他们将随着时间的推移彻底融入历史街区的社会环境，并成为街区社会网络的有机组成部分。由此可以看出，居住超过8年的居民在行为上已经和迁入居民有明显区别了，笔者将其称为过渡居民；居住时间为1—3年和4—8年的居民均称为迁入居民；居住超过25年的居民则构成该区域社会组织的主体，笔者将其称为原住居民。

根据以上对居民层次的界定，该历史街区原住居民比例为53.2%，过渡居民比例为31.7%，而迁入居民只有15.1%，呈现出具有一定包容性的社会形式。迁入居民对邻里的满意程度为2.39，而过渡居民为2.61，原住居民为2.52。过渡居民对历史街区的满意程度高于所有居民的平均满意程度（2.53），说明这些居民经历了社区的融入过程，至少不会在这个历史街区明显感觉到被排斥，表明该历史街区的社会组织兼容性也达到了比较高的水平。对于刚来北京的迁入居民而言，与周围邻居的关系也可以达到相互打招呼和交朋友的水平。迁入居民可以轻易地在附近居民的社交圈子里面找到自己的位置，也说明该街区社会组织是兼容的。这种兼容性跟传统老北京兼容并包的性格特质息息相关。

7.2.5 小结与评价

综上所述，大栅栏地区的完整性在各方面有不同的体现：在物质结构方面，非文保区的结构完整性较差，存在建筑结构不完整、缺乏修缮、院落结构支离破碎、缺乏统一产权权属以及功能性空间缺失等一系列问题；在视觉景观方面，片区整体肌理完整性较好，历史风貌水平虽然有待提高，但是也能达到基本完整；在社会功能方面，非文保区社会组织是完整的，而且对于迁入居民具有一定的同化和兼容性，街区内可以形成很强的文化和社会认同，并能在一定程度上抵御来自外部的不良影响。

物质结构的衰败其实并不是非文保区的大趋势。大栅栏地区的火灾导致大量物质结构的破坏，几乎将该地区夷为平地，但并没有导致大栅栏的衰败。使用功能和社会功能的退化才是导致历史街区衰败的真正原因。因此在非文保区的保护规划实践中，应该适度减少对当地社会功能构成冲击的大规模腾退形式。在开发上也不宜搞一次性超强度开发，而应该分阶段地逐渐对历史街区进行改造和更新。

本章参考文献

[1] 杨菊华:《流动人口在流入地社会融入的指标体系——基于社会融入理论的进一步研究》,《人口与经济》2010 年第 2 期。

[2] 周向频、唐静云:《历史街区的商业开发模式及其规划方法研究——以成都锦里、文殊坊、宽窄巷子为例》,《城市规划学刊》2009 年第 5 期。

[3] 朱隆斌、Reinhard Goethert、郑路:《社区行动规划方法在扬州老城保护中的应用》,《国际城市规划》2007 年第 6 期。

第 8 章

历史城区的绿化与公共空间变化

8.1 绿化与公共空间的历史演变

8.1.1 绿化系统

1949 年以前大栅栏地区很少有公共绿化，1945 年整个外二区仅有街道树（行道树）14 株（2 株国槐、11 株洋槐、1 株柳树），前门大街更是没有绿化。绿化主要是私家庭院的植树种草，被列为宣武区古树名木的一株海棠和一架紫藤就位于珠市口西大街的纪晓岚故居“阅微草堂”院中。20 世纪五六十年代，北京市开展了胡同绿化工作，但没有涉及大栅栏地区的胡同。1983 年，大栅栏街道办事处组织 1500 人次义务植树 1193 株，修花坛 45 个，铺绿地 6 块；1984 年，植树 624 株，栽花 300 多株；1988 年，大栅栏街道范围内有树木 2649 棵，绿地 1565 平方米；1991 年，该地区见缝插针植树 1039 株，为大栅栏街道现在的公共绿化奠定了基础。

受历史发展影响，大栅栏地区绿地空间严重缺乏。2000 年，大栅栏地区的绿化覆盖率只有 7.31%；2005 年更少，仅为 5.67%（见表 8-1 和表 8-2）。历史城区人口高度集聚，建筑覆盖率高是绿地缺乏的主要原因之一。同时，历史城区区位好、地价高，建设绿化空间的成本也高，导致增大绿化面积难度大。

绿地稀缺也带来了负面效应，例如，大栅栏地区城市热岛效应强，强热岛和次强热岛的面积占总面积的 89.79%。

表 8-1　2000 年大栅栏街道与邻近街道绿化情况对比

街道	道路长度（米）	道路绿化长度（米）	绿地面积（平方米）	实有树木（株）	实有草坪（平方米）	绿化覆盖率（%）
大栅栏	8900	1290	5755	1773		7.31
椿树	9580	4770	8034	1937	504	30.86
广安门内	13370	4450	18413	1754	764	59.72
天桥	14620	3150	10993	1074		23.39

资料来源：北京市园林局编：《北京市城市园林绿化普查资料汇编（2000）》，北京：北京出版社 2002 年版，表格经作者整理自制。

表 8-2　2005 年大栅栏街道分种类绿化情况

乔木（株）	灌木（株）	竹子（株）	绿篱（平方米）	宿根花（平方米）	草坪（平方米）	其他（株）	绿化覆盖率（%）
2028	1169	105	5193	691	10476	1472	5.67

资料来源：北京市园林局编：《北京市城市园林绿化普查资料汇编（2005）》，北京：北京出版社 2006 年版，表格经作者整理自制。

2008 年北京奥运会之后，大栅栏街道充分利用拆除违章建设和胡同环境整治腾出的空间，通过花池改造、花池重新栽种花木、墙体立体绿化、悬挂绿化等平面与垂直绿化相结合的方式开展绿化工作。目前，大栅栏地区街道绿化明显改善（见图 8-1），夏天走在胡同中，处处可以看到绿色的植物，而且大多数是居民自发栽植的，植物品种多样。在琉璃厂东街、杨梅竹斜街等主要游览道路也有一些公共绿化小品。为了鼓励社区居民自发营造绿色的居住环境，社区为居民提供种子，并为居民砌起养花种草的花池。大栅栏街道大树较少，且对仅有的几棵大树的保护工作做得不好，有一些没有列入古树名木保护范围的大树（杨树为主）被砍伐。

被调查居民对社区绿化整体水平评价不高（见图 8-2），平均满意度为 6.01 分（0 分最差，10 分最好），居民打 6 分的最多，有 20 人次。

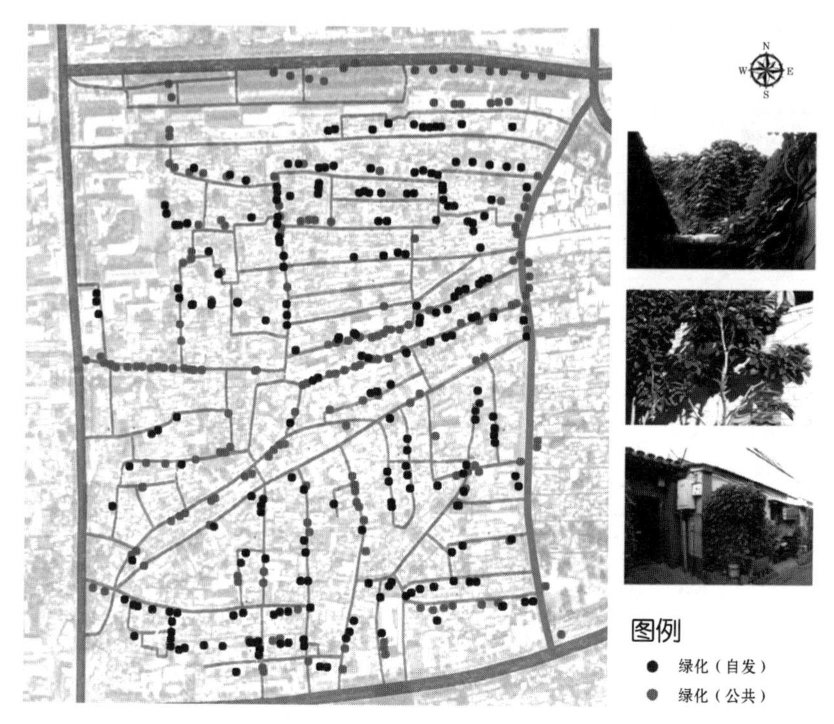

图 8-1 大栅栏街道绿化分布图

资料来源：由作者根据调研结果自绘。

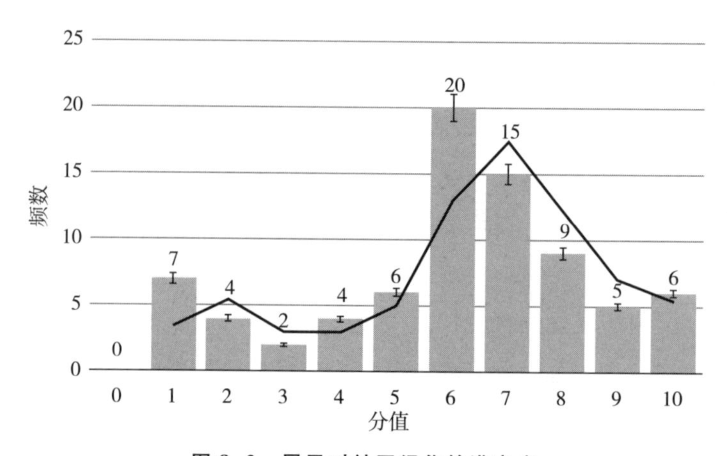

图 8-2 居民对社区绿化的满意度

资料来源：作者根据调研结果整理绘制。

笔者调查发现，大栅栏地区人均绿化面积低于全市平均水平，大部分受访居民也认为，社区内没有足够的绿地，绿化工作有待加强（见表 8-3）。

表 8-3　社区内绿地情况

社区内有足够绿地	频数	百分比（%）
非常同意	27	9.54
同意	26	9.19
一般	17	6.01
不同意	62	21.91
非常不同意	151	53.35
总计	283	100

资料来源：作者根据调研结果整理。

8.1.2　公园与庙宇楼堂

海王村公园位于南新华街中间路东，正门在琉璃厂东街西口路北。公园始建于 1917 年，园内叠石为山，植树种花，建亭台游廊，为附近的儿童的游戏场所，是市政公所在公园建设中的首创之举，但不到 10 年就关闭了，1949 年后划归中国书店管辖。

据《大栅栏街道志》记载，大栅栏地区有明、清两代所建庙宇 61 座（见图 8-3），分别坐落于 39 条街巷中，包括庙 28 座，寺 13 座，庵 10 座，祠 4 座，阁、宫、观、堂、轩共 6 座，规模均不大，但在历史上却是居民重要的公共活动场所。

民国时期，大栅栏地区依托寺庙等公共活动场所的庙会和灯市（见表 8-4）形成了独特风俗。康熙年间移内城灯市到外城，场地选在琉璃厂附近的火神庙、吕祖祠、仁威观等地（王世仁，1997），游人熙熙攘攘，热闹非凡。

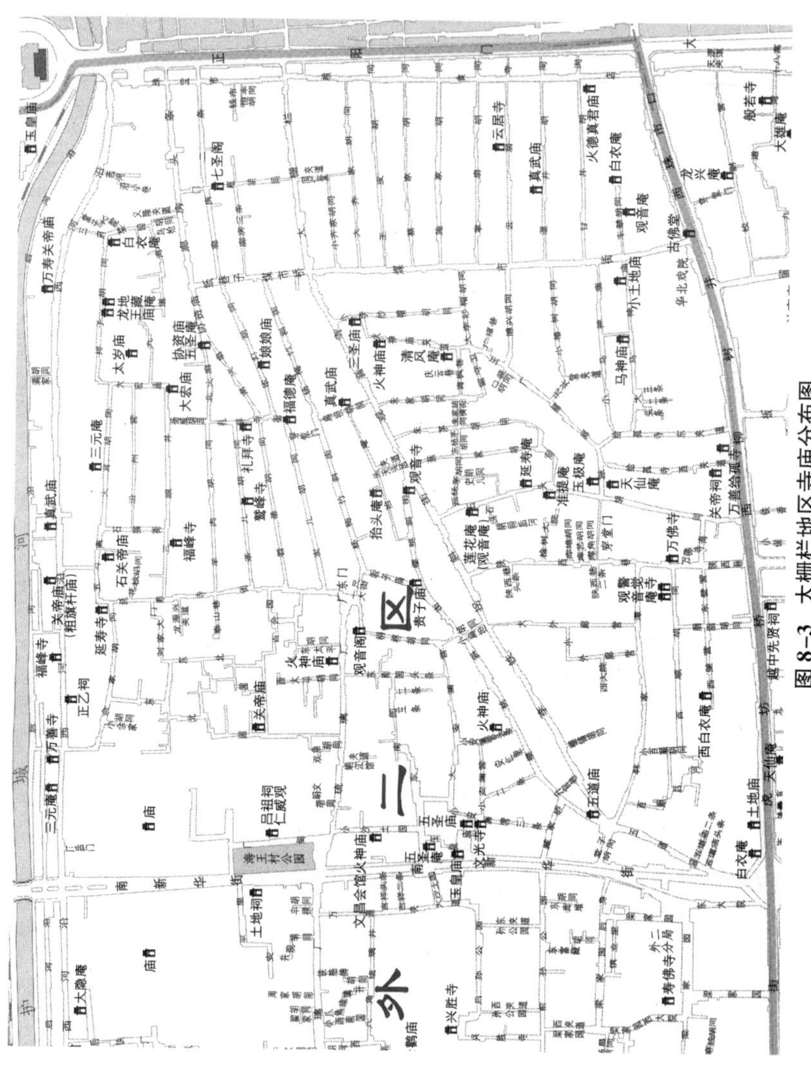

图 8-3 大栅栏地区寺庙分布图

资料来源：侯仁之、岳升阳主编：《北京宣南历史地图集》，北京：学苑出版社2008年版，第43页，图经作者修改。

表 8-4　大栅栏地区庙会、灯会简介

名称	位置	时期	会期
大栅栏灯市	大栅栏	清一民国	正月十三至十七
廊房灯市	廊房头条	清一民国	正月十三至十七
西河沿灯市	西河沿	清	正月十三至十六
火神庙庙会	琉璃厂火神庙	清一民国	正月初一至十五
琉璃厂厂甸庙会	琉璃厂厂甸	清一民国	正月初一至十五
琉璃厂灯市	琉璃厂	清一民国	正月初八至十七
吕祖祠庙会	琉璃厂吕祖祠	清一民国	正月初一至十五

资料来源：侯仁之、岳升阳主编：《北京宣南历史地图集》，北京：学苑出版社 2008 年版，第 141 页。

8.1.3　宣传栏和室外文体空间

8.1.3.1　宣传栏

在文化宣传方面，大栅栏街道的宣传栏主要有传统式样的黑板、不锈钢板、KT 板宣传栏、不锈钢板的檐下玻璃展示窗和新型电子显示屏等五类。其中，不锈钢宣传栏主要分布在研究区域北部的几个社区（见图 8-4），由于没有任何防雨雪措施，大多数处于废弃状态，上面贴满了小广告（见图 8-5）。KT 板宣传栏主要分布在研究区域南部的几个社区，同样没有任何防雨雪措施，主要作为张贴海报的背景板。玻璃展示窗分布较为均匀，每一个玻璃展示窗都有特定的主题，如环境整治宣传栏、法制宣传栏、计划生育宣传栏、社区宣传栏等。此外，还有一些适合设置宣传栏的山墙，一般位于交通性道路两旁，每天路过的人流量较大，宣传效果较好。

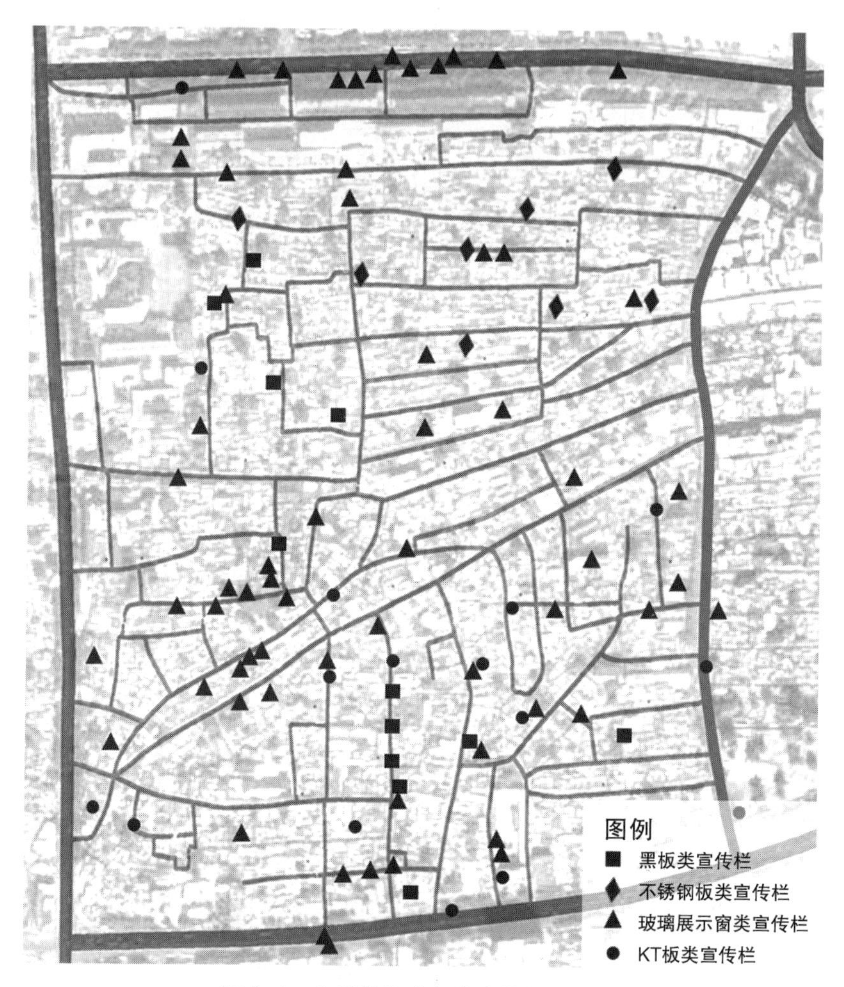

图 8-4　大栅栏街道各类宣传栏分布图

资料来源：作者根据调研数据自绘。

8.1.3.2　室外文体空间

大栅栏街道室外文体活动场所并不多，只有三处：和平门外东街、胭脂胡同南口的广场和健身路径，以及陕西巷南口的乒乓球乐园（见图 8-6）。

图 8-5 大栅栏街道宣传栏的种类

1. 电子屏幕；2. 适合儿童高度的宣传栏；3. 贴有宣传海报，但缺乏宣传栏；4. 不锈钢宣传栏，但贴满小广告；5. 报刊栏；6. 街道小品

资料来源：作者拍摄。

图 8-6 大栅栏街道室外文体活动场所

1. 胭脂胡同南口健身园结合停车场设置；2. 陕西巷南口的乒乓球乐园

资料来源：作者拍摄。

8.2 公共空间尺度与功能分析

8.2.1 研究方法

8.2.1.1 PSPL 调研法

扬·盖尔等人在“公共空间和公共生活关系”的研究中（Gehl and Gemzoe，1996）首创并运用了“公共空间—公共生活”调研法（public spaces & public life survey，PSPL）。他们将规划者比喻为“医生”，公共空间为“病人”，而“PSPL 调研法”就有如医生对病人进行全方位检查。只有充分了解所要研究的公共空间的具体情况并找出“病因”，才能对症下药，使所做工作和设计成果的效率最大化，甚至事半功倍。基于此思想，“PSPL 调研法”将定性与定量相结合，通过地图标记法、现场计数法、实地观察法、问卷调查、访谈等方式，准确了解和掌握公共空间使用者的活动需求和行为特点，从市民的公共生活需求出发，为之后的公共空间设计和改良方案提供借鉴与依据。本文借鉴了“PSPL 调研法”中主客观结合研究的思路，对大栅栏地区胡同空间进行了深入的梳理与研究。

8.2.1.2 社会调查法

社会调查法是有目的、有计划、系统地搜集有关研究对象的社会现实状况或历史状况的材料的方法。笔者主要采用社会调查法中的问卷法来收集大栅栏区域各社区居民对胡同空间的意见和看法。随后，对问卷数据进行整理加工，通过归纳和加权得出结论。此外，笔者还采用了深度访谈法，选取具有代表性的居民样本，通过面对面访谈，了解问卷所不能反映的内容，尤其是个人的态度、主观看法、偏好、建议等。

8.2.2 公共空间划分及筛选

大栅栏街道以城市道路煤市街为界，分为东西两个区域。东部面积较小，只涵盖了煤市街东社区一个社区，不利于开展同一区域内（以城市道路为界）公共空间的各社区的比较，且调研期间该区域正在进行大规模的拆迁与新建工作，社区内公共空间的情况也无法准确掌握，因此该区域不在本文的研究范围内。西部区域面积较大，包括八个社区：大栅栏西街社区、铁树斜街社区、三井社区、石头社区、大安澜营社区、百顺社区、前门西河沿街社区及延寿街社区。北起前门西大街，南至珠市口西大街，西临南新华街，东接煤市街，是本章的空间范围（见图 8-7）。

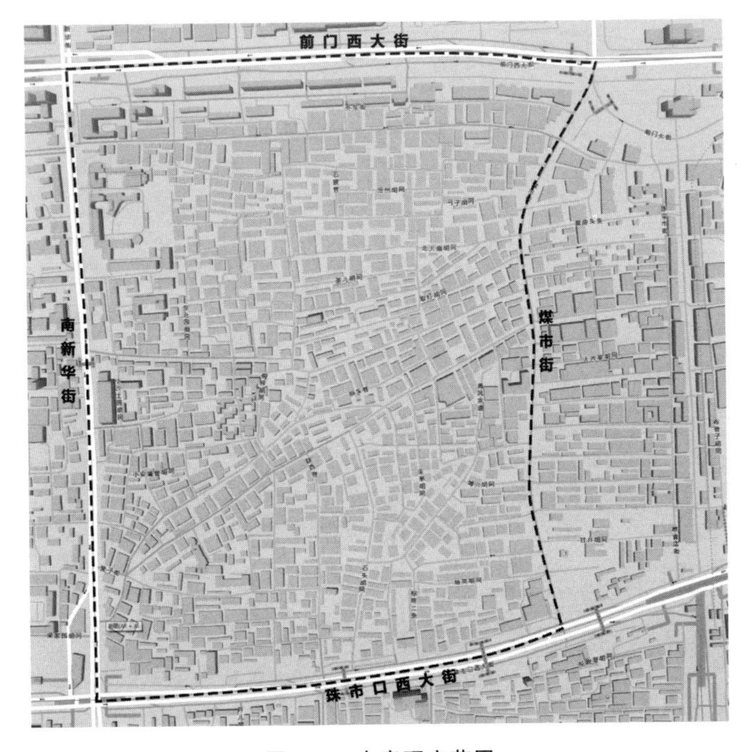

图 8-7　本章研究范围

资料来源：作者自绘。

根据扬·盖尔等的理论，空间的公共性分为物质公共性和社会公共性，只有公共活动发生的无限制空间才能算作严格意义上的公共空间。由此，本书将公共空间定义为无限制进入的开放空间，即狭义的公共空间。通过在大栅栏地区的实地调研，笔者发现，该区域极其缺少大面积的广场空间，公共空间以线状的胡同街巷为主，且随着居住人口密度的增加与私搭乱建行为的屡禁不止，面积本来就不宽裕的胡同空间也被逐渐蚕食，这不仅削弱了街巷的通行能力，也给居民的生活带来不便。基于此，笔者以区域内 89 条胡同（见图 8-8）为研究对象，在现状梳理的基础上进一步提出历史街区公共空间的营造与改善对策。

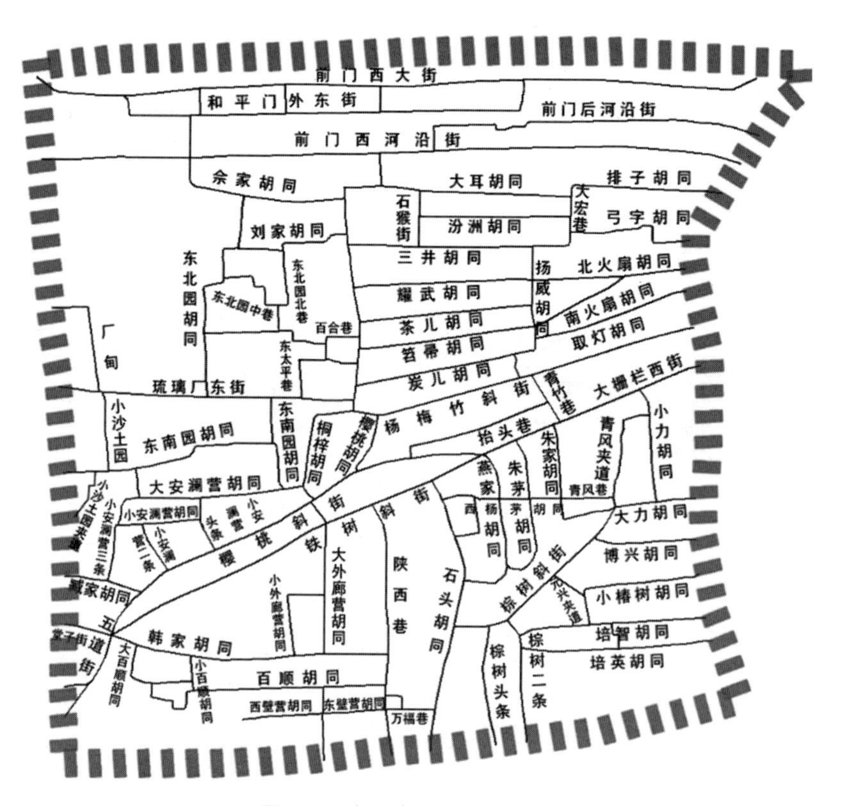

图 8-8 部分胡同街巷路名图

资料来源：作者自绘。

胡同作为北京特有的符号，已有众多学者从不同角度予以研究，比如张金喜等人就从旧城的交通现状入手研究旧城区，特别是历史文化保护区内胡同路网的特点和功能（张金喜等，2008）。韩见等人则从儿童感知出发，研究胡同作为社区户外环境对儿童体力活动的影响（韩见等，2013）。何天培等人则结合景观绿化建设手段，在对胡同绿化现状进行分析的基础上，提出胡同景观绿化建设的思路方向，进而为北京城市高速发展建设中保护和传承胡同文化、保存历史风貌提供可借鉴的措施（何天培等，2010）。朱天禹从公共空间概念入手，通过研究北京由古至今旧城公共空间的演变，将当代北京旧城公共空间划分为公共机构、街道胡同、寺庙公园、广场、商业空间、文化设施、社区绿地等。胡同不仅承载着居民的物质生活，如通风、采光、防火、街坊划分等基本功能，还兼具商业与社会文化等多重功能。胡同是北京旧城公共空间中分布最广、面积最大、公众基础最广阔的一部分，是北京旧城中最重要的公共空间，也是旧城公共空间的公共性营造和发展的起始点（朱天禹，2013）。此外，有学者运用 GIS、史料查阅等手段，梳理了北京旧城胡同的现状、路名由来与历史变迁（孙冬虎，2004；董明、陈品祥，2007；李宇鹏，2007）。综上所述，胡同作为北京特有的历史符号，已有众多学者从多方面进行研究。随着人本理念被提出，越来越多的文献开始从历史文脉、居民需求和社区公共性角度寻找新的研究点和突破口，从更深层次探究胡同空间对旧城发展的影响。

2003 年，针对本书研究区域——大栅栏地区的规划更新被提上日程，由北京市规划委员会（现北京市规划和自然资源委员会）、崇文区（后并入北京市东城区）政府联合组织多名专家和机构参与编制的《前门地区保护、整治与发展规划》出台。此后，越来越多的学者也选择将此地区作为研究对象，如阙维民等人从城市遗产保护的视角，以传统建筑遗存率的节点调研为手段，研究北京大栅栏街区的历史遗产现状（阙维民、邓婷婷，2012）。其他文献则从空间规划设计、旅游和文化传承的角度评价现有的规划方案并探索未来的改进措施。各种智慧的迸发，只为保护这一“老北京符号”，可见大栅栏片区以及区域中的胡同的重要历史地位。在以上的理论和政策背景下，本章以胡同空间为主体，从空间规划的角度出发，结合社会心理学的相关知识，以社区居民需求为出发点，研究旧城社区中狭义的公共空间。

8.2.3 公共空间尺度与功能分析

8.2.3.1 空间结构分析

从图 8-9 中可见，大栅栏地区的胡同存在多种空间布局形态，有长格栅形、环形、斜线折线形、混合型等。研究区域以延寿街、陕西巷为界（接近中轴），划分为东西两部分。总体来看，东部胡同结构要明显规整于西部，且路网密度更高。笔直规整的道路，其可达性高，通过效率也会更高。由此，西北部延寿社区所在范围的胡同街巷的道路通达水平较低。然而，通过和在胡同里嬉戏玩耍的小朋友的交谈，笔者发现，越是这些曲折不规整的胡同，就越能吸引孩子们前来集聚游憩。小朋友常去玩耍的胡同主要集中在东北园胡同、刘家胡同、东北园中巷和北巷（见图 8-10）。究其原因，笔者认为，这些胡同为混合型组织方式，胡同曲折迂回，路窄且远离主要交通、商业区，较为宁静，机动车较少通行，空间侵占不严重，有一定开敞空间供小朋友游憩，该发现同其他学者的观点一致。例如，韩见等（2013）在研究胡同空间对儿童感知和体力活动的影响时发现：首先，胡同拐弯处及尽端式小巷是儿童活动最频繁的场所；其次，场地宽敞、平坦、有树木、色彩鲜艳、有可供玩耍的设施是胡同社区儿童理想的户外活动空间的构成要素。这也较好地佐证了本书的结论。因此，在宜居社区的建设过程中，对于胡同的交通功能不应过于强调，应尽量减少其交通流的干扰，以保障足够的活动空间。从细节入手，适当布置公共设施，变不利为优势，增加胡同的生活趣味性和公共活动吸引力。

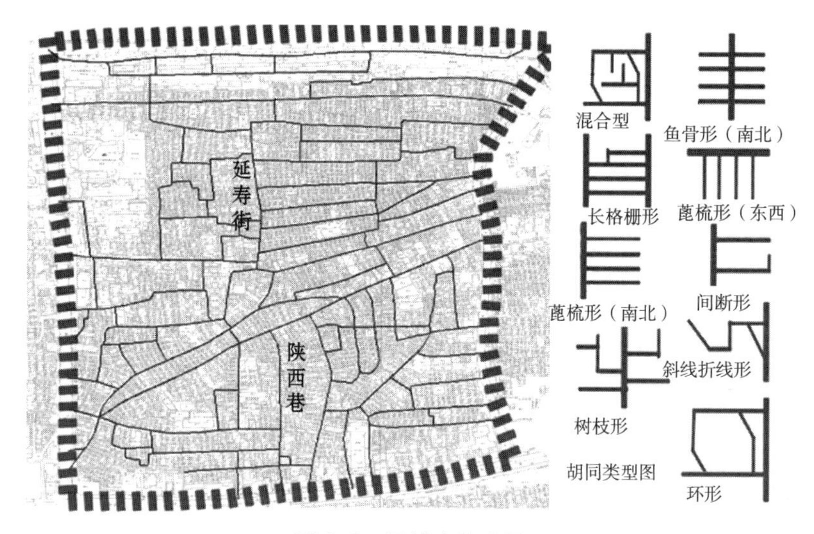

图 8-9 区域内街道图

资料来源：路网图由作者自绘；胡同类型图出自朱天禹：《北京旧城公共空间的公共性：以铸钟及前后马厂胡同为例》，清华大学硕士学位论文，2013 年。

图 8-10 东北园周边胡同

资料来源：作者拍摄。

8.2.3.2 胡同宽度分析

笔者通过查阅文献和现场勘测，对研究区域内 81 条胡同的宽度进行测量，并按宽度少于 3 米、3—5 米、5—7 米、7—9 米和超过 9 米对胡同进行分类统计。分析得出，研究区域内没有宽度超过 9 米的胡同，且大部分胡同的宽度都少于 5 米，其空间极其有限（见图 8-11）。

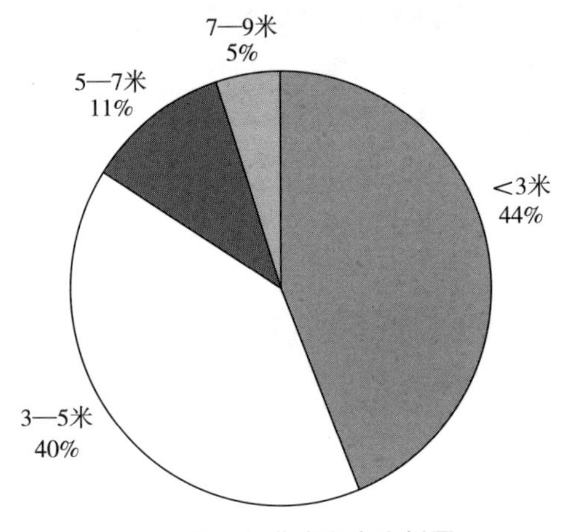

图 8-11　各道路宽度比例图

然而，历史上，大栅栏地区的胡同并非原本就如此狭窄。众所周知，在元大都时期，北京旧城的胡同体系结构已基本形成。据元代熊梦祥所著《析津志》记载，“街制，自南以北谓之经，自东自西谓之维。大街二十四步阔，小街十二步阔，三百八十四火巷，二十九衖通”，意为大街宽 24 步（约 37.2 米）、小街宽 12 步（约 18.6 米）、胡同宽 6 步（约 9.3 米），可见普遍宽于当今的胡同。明、清时期北京城道路格局也大致延续了元大都的体系。当今胡同渐窄的原因，一方面在于旧城拆迁对胡同肌理的破坏，另一方面也在于城镇化导致的大量人口涌入，使得住房空间不断侵占胡同空间。

在已有的研究成果中，《北京旧城胡同实录》（施卫良等，2008）一书记录了北京旧城每条街巷胡同两端与中间三个地段的宽度值，并计算出平均宽度。

8.2.3.3 功能分析

赵波平等人在对历史文化街区的胡同宽度的研究中，将胡同宽度结合交通方式进行考量，认为街道宽度设置的关键在于周围土地开发利用的强度、交通功能要求、出行者采用的出行方式以及道路交通组织，不同的交通方式需要的胡同宽度是不同的（赵波平等，2005）。具体如表 8-5 所示。

表 8-5 行人和交通工具可通行的道路的最小几何尺寸

交通方式	基本依据	单位宽度	2 人（辆）以上并行
步行	人体宽度 0.5 米+步行安全距离	1.0 米/人	增加 0.75 米/人
自行车	车把宽度 0.5 米+行驶安全距离	1.5 米/辆	增加 1.0 米/辆
普通三轮车	车身宽度 1.25 米+行驶安全距离	2.25 米/辆	增加 1.75 米/辆
小汽车	车身宽度 1.8 米+行驶安全距离	直线段 2.8 米/车道 转弯处回车道宽度 5.0 米/车道	增加 2.3 米/车道
小公共汽车	车身宽度 2.2 米+行驶安全距离	直线段 3.2 米/车道 转弯处回车道宽度 6.0 米/车道	增加 2.7 米/车道
公共汽车和旅游车	车身宽度 2.5 米+行驶安全距离	直线段 3.5 米/车道 转弯处回车道宽度 7.0 米/车道	增加 3.0 米/车道

资料来源：赵波平、徐素敏、殷广涛：《历史文化街区的胡同宽度研究》，《城市交通》2005 年第 3 期。

张金喜等（2008）则通过对北京市 10 片历史文化保护区以及旧城内 1559 条胡同的数据汇总分析，根据胡同宽度限制，讨论了不同宽度的胡同在交通系统中的功能定位，具体如表 8-6 所示。

表 8-6 不同宽度的胡同的交通功能

胡同宽度（米）	交通方式	功能
<3	步行、自行车和非机动车	非交通功能道路，为本地居民生活服务
3—5	主要为步行、非机动车，同时作为非穿行性机动车单向道路	为当地居民的出行服务，特殊情况下允许机动车短时进入
5—7	非穿行性机动车单向道路	主要为当地居民的出行服务，可适当设置路边停车位，允许小客车穿行和少量过境
7—9	可组织为机动车双向道路	除为当地居民出行服务外，可适当设置路边停车位，适当承担局部地区小客车的穿行性交通
≥9	可组织为机动车双向道路	除为当地居民出行服务外，可适当设置路边停车位，适当承担局部地区的公共汽车、旅游客车和小客车的穿行性交通

资料来源：张金喜、樊旭英、郭伟等：《北京市旧城区内胡同路网的现状与功能》，《北京工业大学学报》2008 年第 5 期。

本书在尺度分析部分，已归纳总结了研究区域内各胡同的宽度数值，这里结合现有的胡同功能性研究（依据胡同宽度），对大栅栏地区各胡同街巷的功能等级进行划分。功能等级主要包括商业性、交通性、半交通半生活性和生活性。其中，前门西河沿街、琉璃厂东街、杨梅竹斜街、大栅栏西街被开发为商业步行街，带动区域旅游业发展，主要面向游客，是对外服务的商业性质的街道；铁树斜街和樱桃斜街，其区位与旅游性商业街相接或相邻，商业设施分布上也呈现出对内和对外服务混合的现象；堂子街、五道街和陕西巷南部，因其与城市级道路相连，周边分布的商业设施也较多，为区域内部和周边居民服务；延寿街南部与天陶市场相接，周边分布了各种超市、粮油菜店，主要为社区内居民服务。交通性、半交通半生活性和生活性道路，则分别按照路宽划分等级：宽 5 米以上的道路包括和平门外东街、厂甸、樱桃斜街、铁树斜街、堂子街、五道街、韩家胡同、石头胡同、棕树斜街和博兴胡同，因为路宽足够机动车通行，所以这些街道多为人车混行；宽度 3 米以下的胡同由于道路过窄，不允许机动车穿行，多为居民步行通过，故划分为生活性街道；3—5 米宽的胡同则介于二者之间，被命名为半交通半生活性道路，多为人、非机动车（自行车、电动车）混行道路。

8.2.3.4 环境分析

良好的环境能让人驻足停留，增加街区对人的吸引力。在人口密集、土地稀缺的城市中心区，绿色空间更加重要。在维护旧城区原有历史底蕴的同时，丰富当地的植物配置，也能起到画龙点睛的作用。不论是春天花香袭人，还是夏天绿树成荫，或是秋天的黄叶飘落，都能给人带来生活上的惬意。

本书针对街巷中植物绿化的现状分布，通过实地调研，对 89 条街道胡同中的绿化情况予以记录（见图 8-1）。街巷中的绿植，有的是社区提供的，有的是居民自发种植的。通过统计分析，我们可以找出绿化与胡同属性的相关性。

胡同绿化与道路宽度是密切相关的。现场勘测发现，越窄的胡同，绿化效果越难提升。宽度不及 3 米的胡同的绿化条件最差，行道树极少，有些甚至整条胡同内无一棵大树，绿地更是少见，只有某些胡同的局部有少量爬藤植物以及少量盆栽植物；3—5 米宽的胡同占胡同总数的大部分，胡同中绿化水平参差不齐；7—9 米宽的胡同介于城市支路与一般胡同之间，与前两类胡同相比路面宽阔，且道路两侧与建筑之间有足够的绿化空间，绿化水平大都较好，具有一定的绿化改造空间。

一般认为，历史旧城区的绿化水平受道路宽度的影响，道路狭窄是导致道路绿化不足的主要因素。大栅栏地区是否也存在这样的现象？本研究对此进行了量化分析。首先对研究区域内 89 条胡同的绿化水平根据绿化分布情况进行分级打分，绿化水平最高的为 4 分，绿化水平较高的为 3 分，绿化水平较低的为 2 分，绿化水平最低的为 1 分；然后应用相关分析方法，定量分析绿化水平与胡同宽度的相关关系。表 8-7 显示了相关分析结果，可以看出胡同宽度与胡同绿化水平显著正相关，Pearson 相关性结果为在 0.05 显著性水平（双侧检验）上显著相关。也就是说胡同宽度与胡同绿化水平密切相关。这一发现证实了其他学者的研究结论（何天培、刘旭晔，2010）。大栅栏地区胡同的整体宽度水平较低，84%的胡同（宽度为“3—5 米”和“<3 米”的胡同）宽度不及 5 米（见图 8-11），这是影响胡同绿化水平的主要因素之一。

表 8-7　胡同宽度与绿化的相关性分析

		胡同宽度（米）	绿化
胡同宽度（米）	Pearson 相关性	1	0.258*
	显著性（双侧）		0.015
	N	89	89
绿化	Pearson 相关性	0.258*	1
	显著性（双侧）	0.015	
	N	89	89

* 在 0.05 显著性水平（双侧）上显著相关

胡同绿化与道路形态和区位也存在一定关系。通过现场勘测，笔者发现大栅栏街区内有多棵百年老树，且老树所在的地方一般都有较大的空间。“大树底下好乘凉”，古树下的空间作为交往优势空间，应予以重视和利用。笔者将区域内现存古树通过 GPS 定点于

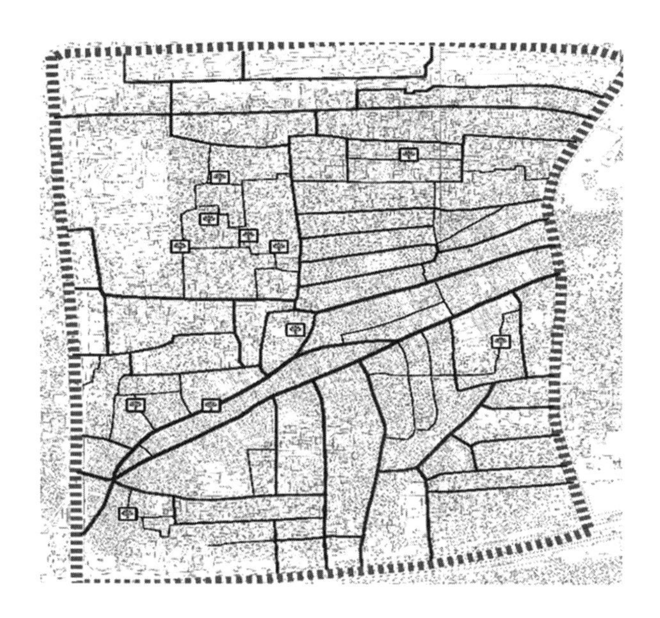

图 8-12　古树分布图

资料来源：作者自绘。

区域图上，其分布情况如图 8-12 所示。将调查区域以延寿街、陕西巷为中轴一分为二来看，大部分古树集中于区域西部，主要得益于西部胡同的曲折偏远。越是交通便利的胡同，集聚的居民就越多，人树之间的空间争夺也就越激烈。调研发现，现有的古树生存状况不容乐观（见图 8-13）。

"夹缝求生"

大树下聊天的人们

被砍伐的古树

胡同古树剪影

图 8-13　区域内古树生存情况

资料来源：作者拍摄。

胡同绿化对于延续地方特色风貌具有重要作用。北京旧时描述胡同时就有这么一个说法——“天棚、鱼缸、石榴树”，充分体现了绿植对胡同风貌的重要性。时下虽已不流行也没有空间在四合院内搭席棚纳凉，但“天棚”作为老北京传统生活的一部分被传承下来，并演变为一种立体绿化的形式。笔者在区域内调研时，发现了多处居民自行种植的藤蔓植物，绿叶连绵，在美化周边环境的同时也为夏日的胡同带来了丝丝凉意（见图 8-14）。

图 8-14　胡同中的特色绿化

资料来源：作者拍摄。

综上，碍于胡同空间狭小，大栅栏地区普遍存在绿化不足的情况，而人与古树的空间争夺更是导致了古树被砍伐的现象。在这样的现实背景下，笔者认为，应延续北京传统的绿化手段，通过种植小型树种（如石榴树）、安置路边花坛、发展立体绿化（如种植葫芦等藤蔓植物）等，来实现在有限的空间中提高绿化率、改善环境的目标。

8.2.4　空间可达性分析

“空间句法”是英国伦敦大学比尔·希列尔（Bill Hillier）和朱利安妮·汉森（Julienne Hanson）等人提出的城市空间分析理论，通过对包括建筑、聚落、城市在内的人居空间结构的量化描述，来研究空间组织与人类社会之间关系的理论方法（张愚、王建国，2004）。空间句法自 1977 年诞生以来，经过多年的发展，其理论与方法已逐渐深入到对建筑和城市空间本质与功能的细致研究中。本研究利用 Depthmap、ArcGis、CAD 等软件，将大栅栏街区路网在 ArcGis 中进行坐标投影，赋予其空间属性，再通过空间句法线段分析，对各胡同的可达性进行测算。具体结果如图 8-15 所示。总体说来，可达性较高的胡同集中在区域中部，如杨梅竹斜街、琉璃厂东街、铁树斜街、大栅栏西街和堂子街。以延寿街和陕西巷为轴，将区域一分为二来看，西部的路网分布凌乱随意，而东部路网多呈蓖梳形态，分布较规整，就可达性而言，东部胡同明显优于西部的。以杨梅竹斜街和琉璃厂东街为轴，将区域划分为南北两部分，南部的可达性优于北部的。

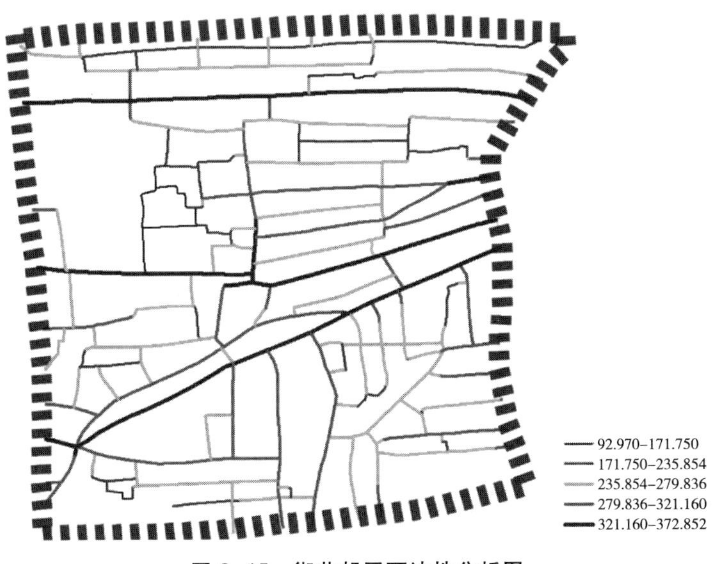

图 8-15　街巷胡同可达性分析图

资料来源：作者自绘。

8.3 绿化与公共空间的综合评价

根据道路宽度、绿化、功能及可达性分析的结果，本研究将各街巷分类比较，得出综合评价结果（见表8-8）。其中，路宽主要分为3米以下、3—5米、5—7米及7—9米。由于区域内道路偏窄（不及8米），在只考虑道路宽度且其他条件一致的情况下，笔者认为道路越宽越利于开展公共活动及步行出行。由此，路宽得分由窄及宽记为1分至4分。通过分析路上停车、堆物的情况，再进行比较，将占道情况分4个层次，即无占道、轻微占道、中等占道和严重占道，得分为4分至1分。值得注意的是，不同宽度街巷的评价标准也不一样，相对而言，越窄的街道，其对停车、堆物的空间容忍度越低，稍有占道行为，就会影响其通行功能，因此其得分相对较低，在具体评价过程中给予权重考虑。

绿化情况则通过现场GPS定点，对区域内大大小小的花坛、家门口自发种植及古树所在地点予以定位统计，得出区域内各街道周边的绿化密度，再通过比较，将绿化情况分为无、少、中等、多四个层级，得分分别记为1—4。

表8-8 大栅栏地区胡同综合评价表

序号	社区	名称	宽度（米）		占道状况	绿化（古树）	可达性
			区间	平均			
1	延寿街社区	泰山巷	1.5	1.5	无	少	死胡同
2		百合园胡同	0.8—2	1.5	轻微	中等	3
3		东北园南巷	1.5—2.5	2.2	轻微	中等（1棵古树）	3
4		东北园北巷	1.8—3.5	2.4	中等	少（1棵古树）	2
5		东北园中巷	2.5—4	2.9	中等	中等（1棵古树）	1
6		东北园胡同	2.5—3.5	3.1	严重	中等（1棵古树）	3
7		延寿街	3—4.8	3.6	中等	多	4
8		佘家胡同	3.5—5.5	4.6	严重	多	3
9		刘家胡同	1.8—4	2.8	中等	中等	2

（续表）

序号	社区	名称	宽度（米）		占道状况	绿化（古树）	可达性
			区间	平均			
10	铁树斜街社区	堂子街	7	7	轻微	中等	5
11		樱桃斜街	6.8—7.8	7.1	严重	多	4
12		铁树斜街	6.8—7.8	7.1	严重	少（1棵古树）	5
13		樱桃胡同	3.5—5.5	4.3	严重	中等	3
14		大外廊营胡同	3—3.3	3.1	严重	多	4
15		五道街	6.3	6.3	严重	无	4
16		小扁担胡同	1.6—3.6	2.6	无	无	3
17	百顺社区	榆树巷	1.2—2.4	1.5	轻微	无	死胡同
18		陕西巷头条	1.8	1.8	轻微	少	死胡同
19		陕西巷二条	1.5—2.7	1.9	轻微	少	死胡同
20		陕西巷	4.2—5.4	4.5	严重	中等	4
21		东壁营胡同	2.7—3.3	3	中等	少	2
22		西壁营胡同	2.4	2.4	中等	无	3
23		大百顺胡同	2—3.2	2.6	严重	少	2
24		小百顺胡同	3	3	严重	多	2
25		百顺胡同	3.9—4.8	4.2	严重	多	3
26		韩家胡同	5—6.2	5.5	严重	多	4
27		小外廊营胡同	1.2	1.2	轻微	中等	3
28		胭脂胡同	4.3—4.7	4.5	严重	无	3
29		万福巷	3—8	5.5	中等	中等	3
30	大安澜营社区	厂甸	4.7—7.6	5.8	中等	少（2棵古树）	3
31		东南园胡同	2.4—6	4.2	严重	中等	3
32		东南园头条	3—3.6	3.4	严重	少	3
33		大安澜营胡同	2.4—3.6	3	中等	多（1棵古树）	3
34		小安澜营头条	1.2—2.4	1.8	轻微	少	3
35		小安澜营二条	2.1—2.4	2.3	轻微	少	3
36		小安澜营三条	2.1—2.4	2.3	轻微	少	3
37		小安澜营胡同	2.2—3.5	2.9	轻微	少	2
38		双鱼胡同	1.5	1.5	无	少	死胡同
39		文明胡同	1.8	1.8	轻微	少	死胡同

（续表）

序号	社区	名称	宽度（米）		占道状况	绿化（古树）	可达性
			区间	平均			
40		西太平巷	0.8—1.5	1	轻微	少	死胡同
41		东太平巷	1.1—3.6	2.2	轻微	无	4
42		小沙土园胡同	5.4—7.8	5.8	严重	中等	3
43		沙土园夹道	1.8—2.4	1.9	轻微	无	4
44		桐梓胡同	3—3.3	3.2	轻微—严重	少	4
45		藏家桥胡同	3.6—6	4.7	中等	无	4
46		琉璃厂东街	4.4—10	7.2	严重	多	5
47		姚江胡同	1—3.7	2.4	无	无	死胡同
48	石头社区	博兴胡同	4.7—7	5.4	中等	少	3
49		石头胡同	5.5—6.9	6.4	严重	中等（1棵古树）	4
50		小石头胡同	1.8—2.1	2	中等	少	死胡同
51		元兴夹道	1.8—3	2.1	无	无	3
52		培智胡同	1.8—4.2	3	中等	多	3
53		培英胡同	3.6—4	3.9	严重	多	3
54		棕树斜街	4.6—8.5	6.7	严重	多	3
55		棕树头条	4.2	4.2	中等	中等	3
56		棕树二条	3.6	3.6	严重	少	3
57		大力胡同	2.4—3	2.8	中等	少	4
58		小椿树胡同	2.4—4.8	3.2	严重（自行车）	少	3
59	前门西河沿街社区	前门西河沿街	5.8—11	8.4	轻微	多	4
60		前门西后河沿街	2.9—6	4	轻微	少	3
61		和平门外东街	5.5	5.5	无	无	2
62		排子胡同	2.5—4	3.3	中等	多（2棵古树）	3
63		满家胡同	0.9—1.7	1.3	无	无	3

（续表）

序号	社区	名称	宽度（米）		占道状况	绿化（古树）	可达性
			区间	平均			
64	三井社区	弓字胡同	0.8—2.5	1.9	轻微	多	2
65		南火扇胡同	2—2.5	2.2	轻微	少	4
66		北火扇胡同	3—4	3.5	严重	少	4
67		大宏巷	3.5—4.3	3.8	轻微	多	2
68		贯通巷	2—3.5	2.2	无	无	3
69		耀武胡同	2—3	2.4	轻微	一般	4
70		汾州胡同	2—3	2.6	轻微	多	2
71		三井胡同	2.5—4	2.8	严重	中等	3
72		扬威胡同	2—4.5	3.1	严重	中等	3
73		笤帚胡同	2—3.6	3.2	中等	少	3
74		取灯胡同	3—3.5	3.2	轻微	多	4
75		石猴街	3.5—4.6	4.3	严重	无	2
76		大耳胡同	2.5—4	3.6	严重	多	3
77		茶儿胡同	2.5—3.5	3	严重	少	3
78		炭儿胡同	2.4—3.5	3	严重	中等（1棵古树）	3
79	大栅栏西街社区	朱家胡同	2.4—4.8	3.8	严重	少	2
80		杨梅竹斜街	6—7.8	7	轻微	多	4
81		小力胡同	2.4—3	2.5	中等	中等	3
82		燕家胡同	2.1—3	2.5	轻微	多	4
83		青风巷	1.8—3	2.2	轻微	多	4
84		青竹巷	1.2—1.8	1.6	轻微	无	1
85		青风夹道	1.8—2.1	1.9	无	无	1
86		抬头巷	1.2—3	2	轻微	中等	3
87		朱茅胡同	1.8—3	2.2	轻微	多	4
88		西杨茅胡同	2—4.4	3.2	轻微	少	2
89		大栅栏西街	7.3—9.4	8.4	中等	少	2

说明：只统计社区内胡同，社区外沿的城市道路不计算在内，如煤市街、前门西大街、南新华街等。此外，可达性分析也排除了双鱼、姚江等死胡同。胡同宽度借鉴了《北京旧城胡同实录》和《北京胡同志》两书。表格为作者自绘。

以社区为单位，将各街道得分汇总（见表 8-9），得出区域内八个社区在四个层面的得分雷达分析图，如图 8-16 所示。

表 8-9　社区四因素得分情况

社区名称	宽度 平均得分	占道情况 平均得分	绿化 平均得分	可达性 平均得分
铁树斜街社区	2.86	1.71	2.57	4.00
前门西河沿街社区	2.40	3.20	2.40	3.00
大栅栏西街社区	1.73	2.72	2.73	3.45
石头社区	2.10	1.70	2.70	3.20
大安澜营社区	1.86	2.07	2.21	3.36
三井社区	1.60	2.07	2.80	3.00
延寿街社区	1.33	2.22	3.00	2.78
百顺社区	1.90	1.50	2.70	2.90

雷达图显示了各社区公共空间的优劣程度。得分越高，表明其可达性或绿化越好、道路宽度越宽、占道情况越轻微，即整体空间质量较好。例如，对于铁树斜街社区而言，其位于中心区域高可达性地带，道路也较宽，但占道情况比较严重，因此得分不高；对于大栅栏西街社区而言，影响胡同空间的主要因素是道路宽度；而同样存在路宽不足问题的石头社区，还有堆物、停车占道等问题；延寿街社区整体绿化较好，但步行道路宽度不足，可达性也相对较差；百顺社区道路狭窄，占道情况严重；大安澜营社区和三井社区的胡同空间整体处于中等水平，但也存在路宽不足和占道等问题。

综上所述，对于可达性和道路宽度上存在劣势的社区，如延寿街社区，由于再拓宽道路或改变位置已不太现实，要提高社区内胡同空间的质量，就必须从其他方面予以考虑，比如严格监督与控制

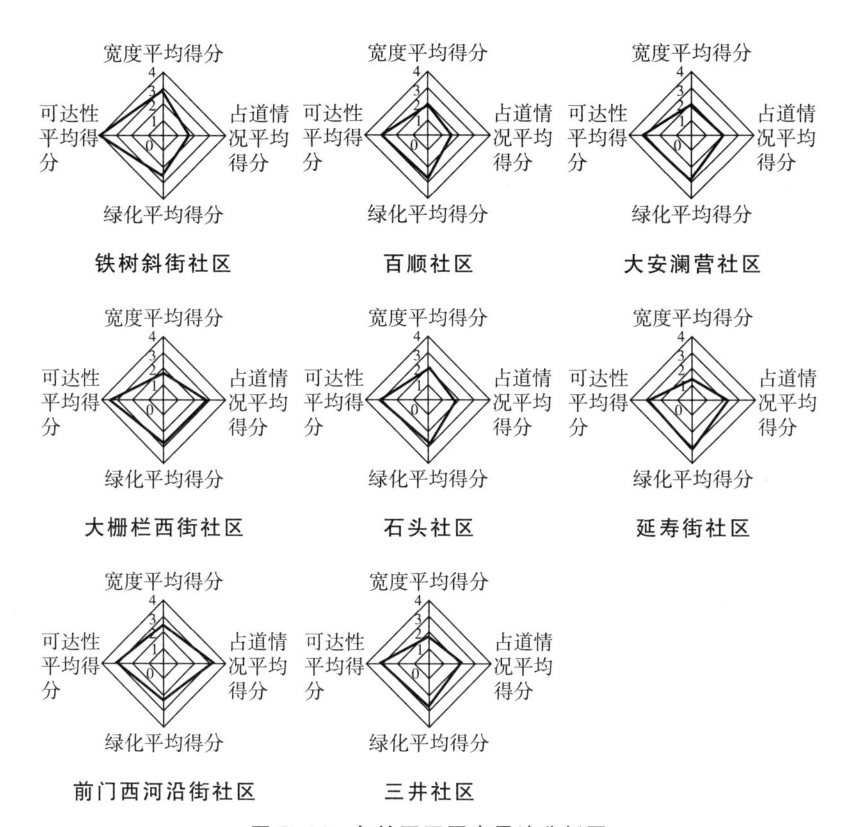

图 8-16　各社区四因素雷达分析图

居民私自堆物、停车、扩建房屋等行为，保证道路的有效宽度不被进一步蚕食。此外，利用其绿化环境好、僻静且机动车干扰少的特点，结合儿童活动区域选择，适当布置游乐设施，在增加胡同趣味性的同时，也能促进社区居民的公共交往。

本章参考文献

[1] 北京市园林局编:《北京市城市园林绿化普查资料汇编（2005 年）》，北京：北京出版社 2006 年版。

[2] 北京市园林局编:《北京市城市园林绿化普查资料汇编（2000 年）》，北京：北京出版社 2002 年版。

[3] 董明、陈品祥:《基于 GIS 技术的北京旧城胡同现状与历史变迁研究》，

《测绘通报》2007 年第 5 期。

[4] 段柄仁主编:《北京胡同志》, 北京: 北京出版社 2007 年版。

[5] 韩见、叶成康、韩西丽:《北京市胡同社区户外环境对儿童感知及体力活动的影响——以钟楼湾社区为例》,《城市发展研究》2013 年第 5 期。

[6] 何天培、刘旭晔:《北京旧城历史文化街区——胡同景观绿化建设初探》,《科学之友》2010 年第 18 期。

[7] 侯仁之、岳升阳主编:《北京宣南历史地图集》, 北京: 学苑出版社 2008 年版。

[8] 李宇鹏:《北京胡同的变迁及其对城市发展的影响》,《内江师范学院学报》2007 年第 1 期。

[9] 阚维民、邓婷婷:《城市遗产保护视野中的北京大栅栏街区》,《国际城市规划》2012 年第 1 期。

[10] 施卫良、杜立群、马良伟主编:《北京旧城胡同实录》, 北京: 中国建筑工业出版社 2008 年版。

[11] 孙冬虎:《大栅栏地区街巷名称的变迁及其历史地理背景》,《北京社会科学》2004 第 4 期。

[12] 王玲、王伟强:《城市公共空间的公共经济学分析》,《城市规划汇刊》2002 年第 1 期。

[13] 王世仁主编:《宣南鸿雪图志》, 北京: 中国建筑工业出版社 1997 年版。

[14] 张金喜、樊旭英、郭伟等:《北京市旧城区内胡同路网的现状与功能》,《北京工业大学学报 》2008 年第 5 期。

[15] 张愚、王建国:《再论“空间句法”》,《建筑师》2004 年第 3 期。

[16] 赵波平、徐素敏、殷广涛:《历史文化街区的胡同宽度研究》,《城市交通》2005 年第 3 期。

[17] 郑也夫:《城市社会学》, 上海: 上海交通大学出版社 2009 年版。

[18] 朱天禹:《北京旧城公共空间的公共性: 以铸钟及前后马厂胡同为例》, 清华大学硕士学位论文, 2013 年。

[19] Gehl, J. and L. Gemzoe, *Public Space*, *Public Life*, Copenhagen: The Danish Architectural Press, 1996.

第 9 章

历史城区绿色宜居综合评价

9.1 评价指标与方法

目前，我国宜居社区评估主要参照宜居城市标准，包括社会文明、经济富裕、环境优美、资源承载、生活便利、公共安全六个方面。

参考已有研究，本章从社会、自然、人文三个宏观角度出发，提出六个一级指标：生活便利程度、经济发展水平、公共安全设施、环境优美程度、资源承载能力、社会文明水平。同时划分其下属的二级指标及评判细则，最终确定了宜居社区评估指标体系，具体如表 9-1 所示。

表 9-1 社区居住水平评价指标体系

目标层	准则层	指标层		细则
	宏观角度	一级指标	二级指标	评判细则
社区居住水平评价指标层	A_1 社会（0.64）	B_1 生活便利程度（0.63）	B_{11} 住房条件（0.6）	住房结构
				人均居住面积
				保温（隔热）
				是否为低洼院落
				采光
				隔声
			B_{12} 基础设施（0.2）	胡同道路状况
				卫生条件
				供水排水
				电信信号
				网络覆盖

（续表）

目标层	准则层	指标层		细则
	宏观角度	一级指标	二级指标	评判细则
			B_{13} 公共服务（0.2）	商店购物
				金融邮电
				医疗
				教育
				交通出行
				图书馆
				影剧院
		B_2 经济发展水平（0.26）	B_{21} 经济数量（0.4）	人均地区生产总值
				收入水平
				消费水平
			B_{22} 经济质量（0.6）	经济增长率
				职业结构分布（第三产业比重）
				失业率
		B_3 公共安全设施（0.11）	B_{31} 社区治安（0.6）	派出所
				安全监控设备
				犯罪率
			B_{32} 灾害防控（0.4）	消防
				紧急避难场所
				事故率
	A_2 自然（0.28）	B_4 环境优美程度（0.42）	B_{41} 绿化程度	绿地
				垃圾处理程度
				景观协调度
		B_5 资源承载能力（0.58）	B_{51} 环境质量	水环境质量
				空气质量
	A_3 人文（0.08）	B_6 社会文明水平（1）	B_{61} 居民素质（0.5）	居民教育水平
				邻里关系
			B_{62} 社区文化（0.5）	社区活动
				历史古迹影响
				文化认同

本章运用层次分析法（AHP）将问题层次化，并对各层指标赋予权重。首先建立两两比较的判断矩阵，对各指标的相对重要性进行区分。其次求出矩阵的特征向量，即为各指标的权重。为了避免逻辑性的错误，笔者还对判断矩阵进行了一致性检验，使随机一致性比率 C. R. 足够小。最后，将计算出的权重列在表 9-1 中指标名称后的括号中。

为了对宜居程度进行定量化评价，并且在地区之间进行定量化横向比较，需要为各项二级指标设置评分细则。根据文献资料与现实情况，笔者设计了 40 项具体评分细则，均列在表 9-1 中。

9.2 居住水平分项评价

9.2.1 住房条件

调查问卷显示，受访者所居住的房屋建筑结构的分布如表 9-2 所示。其中，建于 2000 年之后的房屋仅占全部房屋的 5.56%，绝大部分房屋比较老旧（见表 9-2）。

表 9-2 房屋建筑结构

房屋建成时期	频数	百分比（%）
21 世纪	7	5.56
中华人民共和国成立初期	43	34.13
民国时期	24	19.05
清末	30	23.81
百年以前	22	17.45
总计	126	100

资料来源：作者根据调研结果整理绘制。

受访者居住的房屋建筑形式如表 9-3 所示。80% 以上的受访者居住在院落住宅或四合院中，只有 6.3% 的受访者居住在楼房中。

表 9-3　建筑物形式

建筑物形式	频数	百分比（%）
四合院	58	21.48
单体建筑	8	2.96
临街门面	23	8.52
院落住宅	164	60.74
楼房	17	6.30
总计	270	100

资料来源：作者根据调研结果整理绘制。

调查结果显示，受访者家庭的人均建筑面积平均值为 8.53 平方米，最小值为 1 平方米，最大值为 60 平方米。表 9-4 显示了不同水平的人均建筑面积的占比情况，大部分受访者家庭的人均居住面积少于 15 平方米。

表 9-4　人均建筑面积与占比

人均建筑面积（平方米）	人数	百分比（%）
0—4	91	32.3
5—9	113	40.1
10—14	44	15.6
15—19	16	5.7
≥20	18	6.3
总计	282	100

资料来源：作者根据调研结果整理绘制。

受访者居住的房屋结构如表 9-5 所示，虽然受访者的住所院落面积较大，种植面积却很小；书房、客厅等空间的面积相对于卧室较小。这说明对于受访者而言，住所主要用于满足基本生活需要，环境等其他方面则有待加强。

表 9-5　房屋结构（单位：平方米）

房屋结构	平均值	最小值	最大值
院落面积	27.53	0	400
种植面积	0.81	0	20
采暖面积	23.77	0	200
卧室面积	16.92	0	66
客厅面积	3.80	0	50
书房面积	0.41	0	50
厨房面积	3.50	0	18
厕所面积	0.74	0	8

资料来源：作者根据调研结果整理绘制。

受访者所居住房屋的保温、隔热情况如表 9-6 所示。一方面，受访者的冬季取暖情况差异很大。取暖时房间温度最低为 10 摄氏度，最高为 31 摄氏度；供暖天数最小值为 18 天，最大值为 183 天。另一方面，受访者的夏季隔热情况差异也很大。隔热时设定空调温度最低为 14 摄氏度，最高为 30 摄氏度；隔热天数最小值为 1.5 天，最大值为 180 天。

表 9-6　保温、隔热情况

季节	项目	平均值	最小值	最大值
冬季	冬季取暖费（元）	739.95	0	4500
	每天使用小时数	8.69	0.5	24
	取暖时房间温度（摄氏度）	20.23	10	31
	供暖天数	128.87	18	183
夏季	每天使用小时数	6.97	1	24
	设定温度（摄氏度）	24.05	14	30
	隔热天数	85.95	1.5	180

资料来源：作者根据调研结果整理绘制。

受访者住房的卧室朝向如表 9-7 所示，存在大量朝西、朝北的主卧，其中朝向西边的主卧有 53 间，朝向北边的主卧有 67 间。

表 9-7 卧室朝向

		数目		
		主卧	次卧 1	次卧 2
朝向	东	52	14	5
	西	53	12	1
	南	99	29	7
	北	67	24	3

资料来源：作者根据调研结果整理绘制。

隔音满意度调查结果如表 9-8 所示。认为隔音效果较好（包括“非常好”和“很好”）的受访者占 48.24%；认为隔音效果较差（包括“很差”和“非常差”）的受访者占 48.94%，不同住户对于隔音效果的评价两极分化较为明显。

表 9-8 隔音情况

隔音情况	频数	百分比（%）
非常好	93	32.75
很好	44	15.49
一般	8	2.82
很差	48	16.90
非常差	91	32.04
总计	284	100

资料来源：作者根据调研结果整理绘制。

关于夏天积水是否会影响生活（是否为低洼院落）的调查结果如表 9-9 所示，52.28% 的受访者认为夏季积水对生活无影响或者影响不大。

表 9-9　夏季积水是否影响生活

积水是否影响生活	频数	百分比（%）
无影响	105	36.84
影响不大	44	15.44
一般	13	4.56
很影响	53	18.60
非常影响	70	24.56
总计	285	100

资料来源：作者根据调研结果整理绘制。

历史街区居住条件的改善和提高是历史街区改造的主要目标之一。一方面是为了保持人口稳定以维护遗产地区的社会功能；另一方面，如果居住条件不改善，就难以鼓励居民积极参与保护。目前，大栅栏地区非文保区的居民对居住条件满意程度并不高，有高达 72.2% 的居民表示对居住条件不满意。在总结居民对住所不满意的原因时发现，居住面积较小是历史街区居民对住宅条件不满的最主要原因，其他原因还有基础设施缺少、室内环境较差等。

如表 9-10 所示，根据调研结果，大栅栏地区居民人均住宅面积为 10 平方米。而人均面积的中位值却仅为 6.27 平方米。可见居民居住面积的水平差异较大。对住所感到满意的居民人均住宅面积为 15.9 平方米，而对住所感到不满的住户的住宅人均面积仅为 7.7 平方米，明显低于居民人均居住面积的平均水平。住宅的人均面积与居民对住宅的满意程度关系密切。

表 9-10　人均面积与居民对住宅满意度的关系

项目（平方米）	中位数	平均值	平均值的置信区间	标准差	最小值	最大值
居民人均居住面积	6.27	10.0	7.38—12.71	15.0	2.00	135
满意居民的人均面积	9.00	15.9	7.00—24.00	23.6	2.14	135
不满意居民人均面积	5.67	7.7	5.50—9.90	10.0	2.00	86

（续表）

项目（平方米）	中位数	平均值	平均值的置信区间	标准差	最小值	最大值
公房人均面积	6	10	6.04—14.01	17.7	2	135
私房人均面积	9.75	13.2	8.53—17.96	11.2	3.2	40

资料来源：作者根据调研结果整理绘制。

9.2.2 公共服务和基础设施

作者在进行实地调研的过程中发现，大栅栏地区胡同道路主要存在三个问题：其一，步行道路有效宽度不足，道路两侧的停车占用行人步道现象严重；其二，大栅栏地区许多民居以及商业店铺的拆迁改造导致建筑垃圾任意堆放，影响胡同整洁的同时也降低了道路通行能力；其三，大栅栏地区私搭乱建现象严重，导致胡同内道路被占用。此外，许多受访者表示，胡同中行驶的电动车、电瓶车车速过快，造成很大的安全隐患，影响胡同道路的安全性。如表9-11所示，56.19%的受访者（包括“不同意”和“非常不同意”者）担心行走在胡同中被电动车撞伤。

表9-11 在社区中行走不担心被车辆撞伤

不担心被车撞伤	频数	百分比（%）
非常同意	78	27.56
同意	36	12.72
一般	10	3.53
不同意	72	25.44
非常不同意	87	30.75
总计	283	100

资料来源：作者根据调研结果整理绘制。

调研发现，研究区域内社区供水排水系统覆盖完善，电信信号与网络均有覆盖。笔者对受访者进行移动电话与网络的使用情况调查后，得到如表9-12所示的结果。

表 9-12　网络与移动电话使用情况

	家中是否使用互联网		是否使用个人移动电话	
	频数	百分比（%）	频数	百分比（%）
是	74	77.89	107	90.68
否	21	22.11	11	9.32
总计	95	100	118	100

资料来源：作者根据调研结果整理绘制。

受访者对大栅栏地区社区卫生条件的评价如表 9-13 所示，超过 70% 的受访者对于社区内的卫生条件感到满意（包括“非常满意”和“满意”）。

表 9-13　卫生条件满意度

社区卫生评价	频数	百分比（%）
非常满意	86	30.07
满意	127	44.41
一般	13	4.55
不满意	38	13.29
非常不满意	22	7.68
总计	286	100

资料来源：作者根据调研结果整理绘制。

根据调查，研究区域内的居民经常光顾的菜市场有天陶市场（暂停营业）、西河沿超市、和平门菜市场等，到达最近的菜市场所需时间均在 15 分钟以内，具体如表 9-14 所示。

表 9-14　到达最近菜市场所需时间

时间（分钟）	频数	百分比（%）
0.5	3	4.16
1	4	5.56

（续表）

时间（分钟）	频数	百分比（%）
2	3	4. 17
3	8	11. 11
4	5	6. 94
5	19	26. 39
6	3	4. 17
7	3	4. 17
8	5	6. 94
10	13	18. 06
15	6	8. 33
总计	72	100

资料来源：作者根据调研结果整理绘制。

研究区域内的居民经常购买食品的地方是稻香村、物美超市、京客隆超市、世纪华联等，均在步行 15 分钟以内可以到达的范围，如表 9-15 所示，居民的购物需求也能被较好地满足。

表 9-15　到达最近超市所用时间

时间（分钟）	频数	百分比（%）
0. 5	3	4. 17
1	4	5. 56
2	10	13. 89
3	16	22. 22
4	6	8. 33
5	14	19. 44
6	6	8. 33
7	1	1. 39
8	1	1. 39

（续表）

时间（分钟）	频数	百分比（%）
10	7	9.72
12	2	2.78
15	2	2.78
总计	72	100

资料来源：作者根据调研结果整理绘制。

此外，居民所住社区附近还有和平门百货商场、大栅栏购物中心、前门商业大厦等购物场所，可见该地区的商店、购物设施比较完备。

就整个西城区而言，金融业的发展较为稳健。截至 2014 年末，全区金融机构各项人民币存款余额 27216.9 亿元，比年初增长 14.1%，占全市各项人民币存款余额的 30.1%。全区金融机构人民币贷款余额 17875.2 亿元，比年初增长 12.2%，占全市各项人民币贷款余额的 42.1%。初步统计，2014 年全区金融业实现增加值 1355.6 亿元，比上年增长 11.4%。[①]

大栅栏地区及周边的金融邮电行业也能够较好地为居民服务。如图 9-1 中坐标点所示，该地区金融邮电服务完善，分布着中国银行、中国工商银行、中国农业银行、招商银行等金融机构，也有邮政储蓄银行、天桥邮政所等邮电机构。

对整个西城区而言，2014 年，全区共有医疗卫生机构 632 个，比上年增长 3.4%；门急诊接待人数 2705.6 万人次，比上年增长 5.2%。该区启动了整合型医疗服务体系建设，建立了 5 个医疗联合体；创建了全国艾滋病综合防治示范区，建立了 100 个优秀全科医生工作室，家庭医生签约服务率达到 42.3%。[②]

① 参见《2014 年国民经济和社会发展统计公报》，北京市西城区人民政府网站，https://www.bjxch.gov.cn/xcsj/xxxq/pnidpv785381.html，2019 年 6 月 2 日访问。

② 同上。

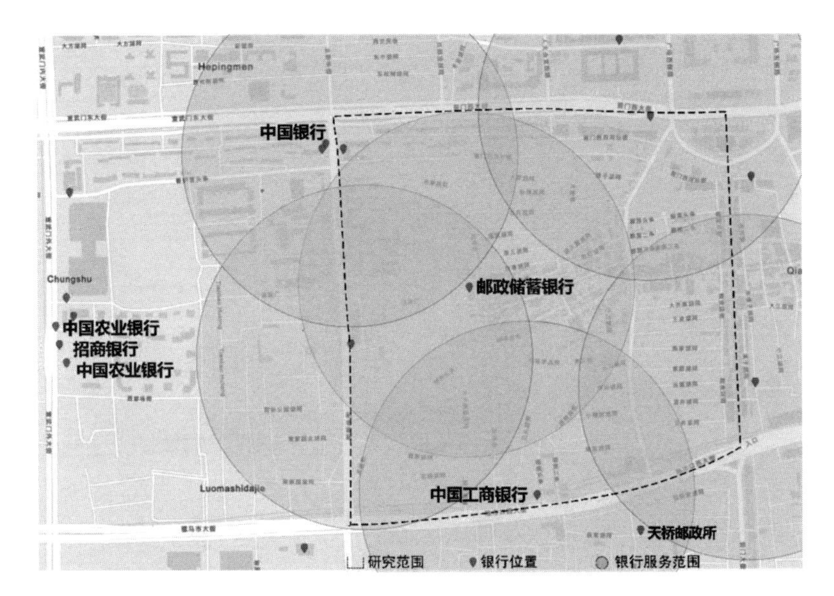

图 9-1 大栅栏地区（含前门街道和大栅栏街道）金融邮电机构分布

资料来源：作者自绘。

如图 9-2 中坐标点所示，大栅栏地区及周边社区医院较多，如大栅栏卫生社区中心、石头胡同卫生服务站等。此外，周边还有宣武区中医院等规模较大的医疗机构。整个区域的卫生医疗系统较为健全。

西城区的教育资源丰富。截至 2014 年末，全区共有普通中学 51 所，全年招生 15313 人，在校生 48839 人，毕业生 16049 人；小学 60 所，全年招生 12488 人，在校学生 64464 人，毕业生 8560 人；幼儿园 68 所，在园幼儿 16698 人；特殊教育学校 3 所，全年招生 74 人，在校学生 480 人，毕业生 92 人；工读学校 1 所，在校学生 85 人。①

如图 9-3 中坐标点所示，大栅栏地区及周边分布着炭儿胡同小学、北京第一实验小学、北京市前门外国语学校等中小学，基础教育基本实现全覆盖。

① 参见《2014 年国民经济和社会发展统计公报》，北京市西城区人民政府网站，https：//www. bjxch. gov. cn/xcsj/xxxq/pnidpv785381. html，2019 年 6 月 2 日访问。

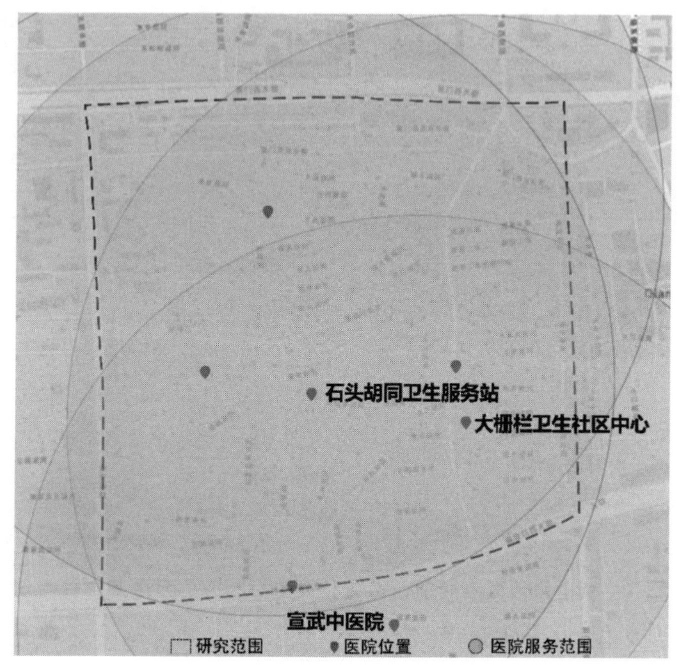

图 9-2 大栅栏地区（含前门街道和大栅栏街道）医疗机构分布
资料来源：作者自绘。

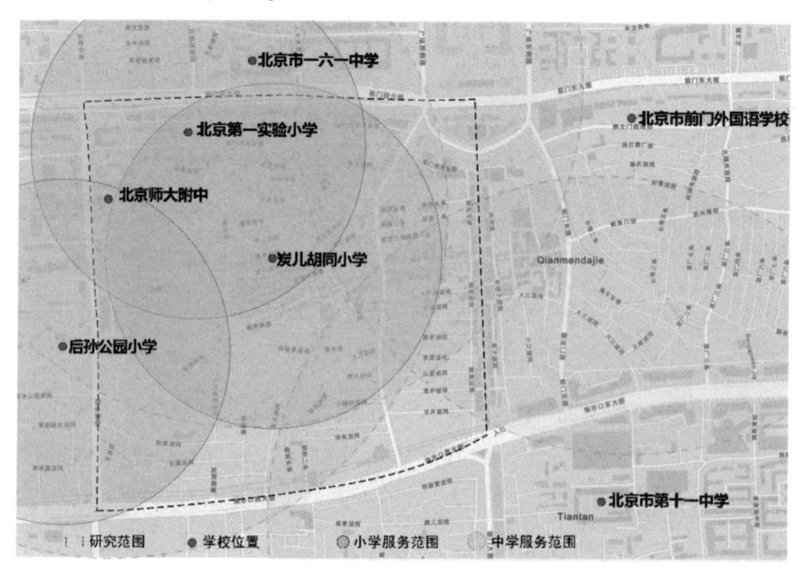

图 9-3 大栅栏地区（含前门街道和大栅栏街道）学校分布
资料来源：作者自绘。

笔者对受访者进行“孩子上学是否方便”的调查后，得到表 9-16所示的结果，59.77%的受访者（包括“非常同意”和“同意”者）认为大栅栏地区上学很方便。

表 9-16　认为大栅栏地区上学方便

上学方便	频数	百分比（%）
非常同意	103	38.72
同意	56	21.05
一般	35	13.16
不同意	29	10.90
非常不同意	43	16.17
总计	266	100

资料来源：作者根据调研结果整理绘制。

交通出行方面，大栅栏地区紧邻地铁 2 号线，这是北京的一条环型地铁线路，沿原北京城池内城墙而建。该地铁线于 1984 年开通并于 1987 年成环运营，运行历史悠久。乘坐 2 号线也可以换乘地铁 1 号线、4 号线、5 号线等其他线路。

大栅栏地区公交站点较多，共有 34 个站点，其中公交首发站 2 个。这些公交站点主要沿区域的四周道路分布：前门大街—南新华街—珠市口西大街—前门西大街。研究区域内公交车线路数量较多，共 61 条，全区基本被公交路网覆盖，公交车服务系统十分完善。

西城区政府对文化建设十分重视。截至 2014 年末，全区共有公共图书馆 33 个，总藏量 189.7 万册（件），其中图书藏量达到 167.6 万册。2014 年，区政府建立文物保护单位二维码信息宣传系统，完成全国首次可移动文物普查工作。区内现有各级文物保护单位 181 处，其中全国重点文物保护单位 42 处，北京市文物保护单位 61 处；新入选国家级非遗保护项目名录 4 项。①

大栅栏地区的居民也能够享受大栅栏地区及周边公共图书馆带来的便利。如图 9-4 所示，A、B、C、D 坐标点分别是椿树街道宣东社区图书馆、大栅栏民俗图书馆、宣武区图书分馆、椿树园小区妇女活动室的大众读书换阅室。

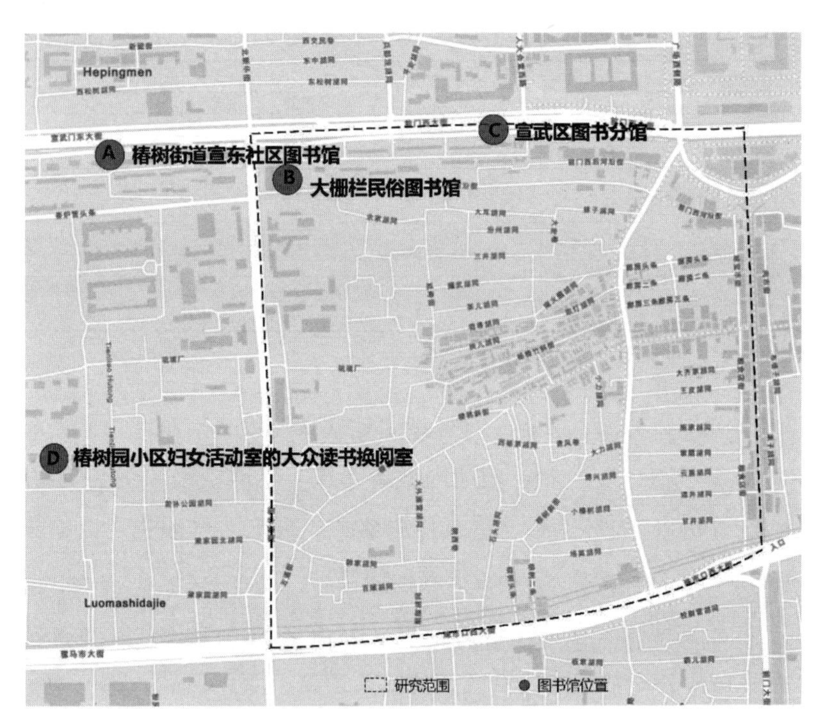

图 9-4　大栅栏地区及周边图书馆分布

资料来源：作者自绘。

除此之外，社区附近有北京百老汇影城、大观楼影城、北京市工人俱乐部电影城等影院设施，观看电影方便，有益于社区居民文化需求的满足。

---

① 数据来源：《2014 年国民经济和社会发展统计公报》，北京市西城区人民政府网站，https：//www. bjxch. gov. cn/xcsj/xxxq/pnidpv785381. html，2019 年 6 月 2 日访问。

9.2.3 社区安全

大栅栏地区的治安主要由大栅栏派出所负责管理。大栅栏派出所辖区北侧以地铁路沿线为界，与西长安街派出所和天安门分局相邻；东侧以月亮湾和前门大街为界，与东城前门大街派出所相接；以南侧的珠市口西大街和西侧的南新华街为界，与天桥派出所和椿树派出所遥相呼应。辖区近似一个正方形，面积1.26平方千米，地处首都政治中心区外延区域，紧邻天安门广场和人民大会堂，片区中高峰时期每天旅游、观光、购物人员过境流量达到20万人次，140多家中小旅店密布整个地区，日均暂住各地来京人员1.2万人。大栅栏派出所现管辖9个社区，常住人口2万余户，5万多人，流动人口1万多人。[①] 派出所管辖社区的具体情况如表9-17所示。

表9-17 大栅栏派出所管辖社区的警务室一览表

社区名称	警务室地址
大栅栏百顺社区	西城区百顺胡同12号
大安澜营社区	西城区大安澜营胡同9号
煤市街东社区	西城区施家胡同30号附近
前门西河沿街社区	西城区前门西河沿街224号
三井社区	西城区炭儿胡同38号
石头社区	西城区培英胡同25号
铁树斜街社区	西城区樱桃斜街57号
大栅栏西街社区	西城区杨梅竹斜街65号
延寿街社区	西城区延寿街21号

资料来源：作者根据调研结果整理绘制。

① 参见北京市公安局官方资料，http://www.bjgaj.gov.cn/police_web/list.jsp? id=1034&p_id=1022#,2015年7月3日访问。

笔者调查居民对于小区安全性的看法，得到如表 9-18 所示的结果，65.62%的受访者（包括“非常同意”和“同意”者）认为社区是安全的，这表明大栅栏地区的治安情况总体良好。

表 9-18　受访居民不为安全性担心

不为安全性担心	频数	百分比（%）
非常同意	124	43.51
同意	63	22.11
一般	10	3.51
不同意	42	14.74
非常不同意	46	16.13
总计	285	100

资料来源：作者根据调研结果整理绘制。

除了装备完善的定点消防队之外，大栅栏地区还设置了胡同流动消防队和女子消防队，以应对大栅栏地区胡同多而消防车无法进入的问题。他们平日里在大栅栏胡同中巡逻，一方面向群众宣传消防知识，另一方面如遇到胡同或居民院内发生火灾，可以在第一时间进行扑救。社区还为这两支队伍配发了电动三轮车、灭火器、灭火毯、消防手套、消防头盔等器材装备，旨在让居民更为关注消防，倡导“生命安全至上”。

笔者对大栅栏地区居民进行访问时，他们对于“发生火灾时能够安全撤离”的评价如表9-19所示。67.26%的受访者（包括“非常同意”和“同意”者）认为发生火灾时能够安全撤离，表明该地区消防系统比较完善。

表 9-19　发生火灾时能够安全撤离

火灾时可撤离	频数	百分比（%）
非常同意	131	46.13
同意	60	21.13

（续表）

火灾时可撤离	频数	百分比（%）
一般	20	7.04
不同意	42	14.79
非常不同意	31	10.91
总计	284	100

资料来源：作者根据调研结果整理绘制。

资料显示，截至 2016 年底，北京市的地震应急避难场所共有 120 处[①]，其中，分布在大栅栏地区附近的是西便门三角绿地、南中轴绿地、丰宣公园、长椿苑绿地、万寿公园、翠芳园绿地、法源寺公共绿地，其具体位置、容纳人口、面积如表 9-20 所示。可以看出，大栅栏地区附近的应急避难场所数量较多，能够充分满足居民避难需要。

表 9-20　大栅栏地区应急避难场所分布情况

序号	名称	位置	容纳人数（万人）	面积（万平方米）
1	西便门绿地	西城区西便门桥西南侧	2.3	4.7
2	南中轴绿地	宣武区、崇文区永内大街	14	28
3	丰宣公园	宣武区西南二环夹角处	1.5	5
4	长椿苑公园	宣武区长椿街东南侧	0.5	1.4
5	万寿公园	宣武区白纸坊东街甲 2 号	1.5	4.7
6	翠芳园绿地	宣武区西便门桥东南角	0.4	1.1
7	法源寺公共绿地	宣武区南横西街法源寺南侧	0.3	1

资料来源：根据首都公共安全信息网资料整理。

① 《北京建成地震应急避难场所 120 处，可疏散约 299.96 万人》，《北京晚报》2017 年 5 月 12 日，https：//www. takefoto. cn/viewnews-1150057. html，2019 年 6 月 6 日访问。

调查过程中，笔者询问居民对于社区附近避难场所的了解情况时，得到如表 9-21 所示的结果。其中，33.21%的受访者（包括“非常同意”和“同意”者）对附近的紧急避难场所有所了解，47.71%的受访者（包括“非常不同意”和“不同意”者）几乎不了解社区周围的紧急避难场所。这说明在居民层面对紧急避难场所的宣传需要加强，以消除“建成但不为人知”的现象。

表 9-21　对紧急避难场所的了解情况

自己清楚知道避难场所	频数	百分比（%）
非常同意	54	19.08
同意	40	14.13
一般	54	19.08
不同意	17	6.01
非常不同意	118	41.70
总计	283	100

资料来源：作者根据调研结果整理绘制。

9.2.4　绿化与环境

9.2.4.1　绿化情况

调查大栅栏地区胡同夏季遮阴情况，得到如表 9-22 所示的结果。51.94%的受访者（包括“不同意”和“非常不同意”者）认为胡同里树木栽培种植情况较差，夏季遮阴效果并不好。

表 9-22　社区的夏季遮阴情况调查

认为夏天遮阴不错	频数	百分比（%）
非常同意	51	18.02
同意	68	24.03
一般	17	6.01

（续表）

认为夏天遮阴不错	频数	百分比（%）
不同意	54	19.08
非常不同意	93	32.86
总计	283	100

资料来源：作者根据调研结果整理绘制。

对于“社区内有足够的绿地”的调查，受访者的态度如表 9-23 所示。75.27%的受访者（包括“不同意”和“非常不同意”者）认为社区内没有足够的绿地，社区内绿化情况较差。

表 9-23　社区内绿地情况调查

社区内有足够绿地	频数	百分比（%）
非常同意	27	9.54
同意	26	9.19
一般	17	6.00
不同意	62	21.91
非常不同意	151	53.36
总计	283	100

资料来源：作者根据调研结果整理绘制。

9.2.4.2　环境质量

近年来，西城区整体的大气环境与水环境质量如下所示①。

a. 大气环境

近年来，西城区空气质量持续改善。2014 年空气中二氧化硫年均浓度值为 23.1 微克/立方米，低于国家环境空气质量二级标准浓度限值（参照《环境空气质量标准（GB 3095—2012）》）；二氧化氮年均浓度值为 63.0 微克/立方米，是国家环境空气质量二级

① 参见北京市西城区环境保护局：《2014 年西城区环境状况公报》，2015 年。

标准浓度限值的 1.58 倍；可吸入颗粒物年均浓度值为 115.2 微克/立方米，是国家环境空气质量二级标准浓度限值 1.65 倍；细颗粒物年均浓度值为 88.4 微克/立方米，是国家环境空气质量二级标准浓度限值的 2.53 倍。2016 年，西城区降尘量年均值为 5.8 吨/平方千米·月，污染物总体浓度呈下降趋势。其中，二氧化硫浓度降幅最大，同比下降 20.0%；二氧化氮、可吸入颗粒物（PM_{10}）浓度近年分别同比下降 1.9%、7.5%；细颗粒物（$PM_{2.5}$）浓度同比下降 6.0%。

b. 水环境

a）河流

2014 年，西城区地表水的水质基本满足考核目标要求，广北滨河路断面有超标现象，超标项目为五日生化需氧量（BOD5），超标倍数为 0.1（见表 9-24）。西城区境内河流监测总长度为 16.3 千米，达标长度占总长度的 87.7%。

表 9-24　2014 年西城区地表水水质状况

断面名称	水质目标	现状水质类别	主要污染项目及超标倍数
松林闸	Ⅳ	Ⅲ	—
高梁桥	Ⅲ	Ⅲ	—
广北滨河路	Ⅲ	Ⅳ	BOD5（0.1）
西便门	Ⅳ	Ⅳ	—
右安门	Ⅳ	Ⅳ	—

资料来源：北京市西城区环境保护局：《2014 年西城区环境状况公报》，2015 年。

b）湖泊

2014 年西城区共监测湖泊 8 个，均达到目标水质要求。8 个湖泊水域面积共 140.5 万平方米，达标面积百分之百。后海、前海、西海、北海、中海、南海、展览馆后湖均为轻度富营养，陶然亭湖为中度富营养，具体如表 9-25 所示。

表 9-25　2014 年西城区湖泊水质情况

湖泊名称	水质目标	现状水质类别	富营养化状态
西海	Ⅲ	Ⅲ	轻度富营养
后海	Ⅲ	Ⅲ	轻度富营养
前海	Ⅲ	Ⅲ	轻度富营养
北海	Ⅲ	Ⅲ	轻度富营养
中海	Ⅲ	Ⅲ	轻度富营养
南海	Ⅲ	Ⅲ	轻度富营养
展览馆后湖	Ⅲ	Ⅲ	轻度富营养
陶然亭湖	Ⅳ	Ⅳ	中度富营养

资料来源：北京市西城区环境保护局：《2014 年西城区环境状况公报》，2015 年。

9.2.5　邻里归属感

通过调查，社区内邻里关系情况如表 9-26 所示。大部分受访者表示邻里关系十分和睦，邻里关系恶化的情况极为少见。

表 9-26　邻里关系情况

社区邻里和睦	频数	百分比（%）
非常同意	188	65.96
同意	81	28.42
一般	10	3.51
不同意	6	2.11
非常不同意	0	0
总计	285	100

资料来源：作者根据调研结果整理绘制。

受访居民关心社区活动的情况如表 9-27 所示，86.27%的受访者（包括“非常同意”和“同意”者）很关心社区活动，仅有7.39%的人（包括“不同意”和“非常不同意”者）不关心社区活动。

表 9-27　是否关心社区活动

自己关心社区活动	频数	百分比（%）
非常同意	183	64.44
同意	62	21.83
一般	18	6.34
不同意	7	2.46
非常不同意	14	4.93
总计	284	100

资料来源：作者根据调研结果整理绘制。

受访居民对社区文化的认同感如表 9-28 所示，可以看出大多数人对自己居住的社区的文化比较有认同感。

表 9-28　认为社区有独特的文化

认为社区有文化	频数	百分比（%）
非常同意	157	55.09
同意	85	29.82
一般	22	7.72
不同意	14	4.91
非常不同意	7	2.46
总计	285	100

资料来源：作者根据调研结果整理绘制。

对于居民对社区的认同情况，调查结果如表 9-29 所示，超过 60% 的受访者拥有居住在社区中的自豪感。

表 9-29　居民对社区的认同情况

住社区很自豪	频数	百分比（%）
非常同意	106	37.19
同意	87	30.52
一般	31	10.88
不同意	30	10.53
非常不同意	31	10.88
总计	285	100

资料来源：作者根据调研结果整理绘制。

考虑到所研究的社区具有悠久的历史，同时拥有众多文物保护单位，在对其宜居性进行评价时也应考虑历史性带来的潜在影响。一方面，历史街区使居民产生自豪感、文化认同感，也能够通过拉动旅游为个体经营者、旅馆等服务业从业者带来收益；另一方面，历史街区的建筑往往较为老旧，对历史街区进行保护性修复改造时，不可避免地会对居民造成影响。

笔者询问受访者对于进行街区级的历史文物保护的看法，59.48% 的受访者认为应该进行保护，具体结果如表 9-30 所示。

表 9-30　进行街区级的历史文物保护

应该进行街区级的历史文物保护	频数	百分比（%）
否	47	40.52
是	69	59.48
总计	116	100

资料来源：作者根据调研结果整理绘制。

询问受访居民对于历史街区改造对生活的影响的看法时，得到如表 9-31 所示的结果。56.9% 的受访者认为，历史街区保护对生活没有影响。

表 9-31　历史街区保护对生活的影响

历史街区保护没有影响到生活	频数	百分比（%）
否	50	43.1
是	66	56.9
总计	116	100

资料来源：作者根据调研结果整理绘制。

9.3　整体分级评价

为了更加清晰地认识大栅栏地区内的不同社区的宜居水平，本书提出多层次分级指标体系，对大栅栏地区宜居水平进行评价。笔者根据宜居城市的理论内涵，构建三个层次的指标体系。第一个层次是准则层，体现了历史城区宜居水平的三个关键方面，即人文条件、社会文化与自然环境；第二个层次是五类一级指标，包括住房与服务类指标、经济类指标、安全类指标、环境类指标、文化素质类指标；第三个层次是在各一级指标下构建的二级指标，用于具体测定宜居水平（见表 9-32）。其中，二级指标中的经济质量指标用产业结构、失业率和恩格尔系数来反映；居民素质指标以居民受教育水平和邻里关系来体现；社区文化指标涉及居民的社区活动参与程度、社区自豪感、认同感等（二级指标的具体含义见表 9-33）。

表 9-32 多层次分级指标体系

准则层指标（A_m）	一级指标（B_i）	二级指标（B_{ij}）
人文条件（A_1）	住房与服务（B_1）	住房条件（B_{11}）
		基础设施（B_{12}）
		公共服务（B_{13}）
	经济（B_2）	经济数量（B_{21}）
		经济质量（B_{22}）
	安全（B_3）	社区治安（B_{31}）
		灾害防控（B_{32}）
自然环境（A_2）	环境（B_4）	绿化程度（B_{41}）
		环境质量（B_{42}）
社会文化（A_3）	文化素质（B_5）	居民素质（B_{51}）
		社区文化（B_{52}）

从宜居水平的视角，对二级指标所反映的宜居情况进行分级。整体分为三级：A 级为高宜居水平，B 级为中等宜居水平，C 级为低等宜居水平。表 9-33 反映了各二级指标的详细分级情况。

表 9-33 二级指标体系及其详细分级

二级指标	A 级宜居水平	B 级宜居水平	C 级宜居水平
住房条件（B_{11}）	人均居住面积大于 35 平方米，住房结构合理，采光通风隔热保温良好	人均居住面积大于 15 平方米，住房结构合理，采光通风隔热保温一般	人均居住面积小于 10 平方米，住房结构不合理，采光通风隔热保温较差
基础设施（B_{12}）	胡同道路便利干净，卫生条件良好，供排水通畅，电信、网络信号覆盖	胡同道路干净，社区卫生条件良好，供排水无故障，电信、网络信号基本覆盖	胡同道路拥挤难行，卫生条件差，供排水不通畅，电信、网络信号弱

（续表）

二级指标	A 级宜居水平	B 级宜居水平	C 级宜居水平
公共服务（B_{13}）	交通出行便捷，公共服务设施完善，购物便利	交通出行方便，公共服务设施基本覆盖，有合适的购物地点	交通出行不便捷，公共服务设施不完善，购物不便
经济数量（B_{21}）	人均 GDP 较高，收入水平、消费水平较高，财政收入稳定	人均 GDP 中等，收入水平、消费水平一般，财政收入能够保证	人均 GDP 较低，收入水平、消费水平较低，财政收入不能保证
经济质量（B_{22}）	第三产业占比较大，失业率较低，恩格尔系数较低	第三产业占比中等，失业率中等，恩格尔系数一般	第三产业占比较低，失业率较高，恩格尔系数较高
社区治安（B_{31}）	派出所管辖到位，安全防控措施较完善，居民安全感高	有派出所管辖，有安全防控措施，居民安全感一般	无派出所管辖，安全防控措施较弱，居民安全感低
灾害防控（B_{32}）	紧急避难场所较多，消防措施完备，事故率低	有紧急避难场所，有消防措施，事故率一般	紧急避难场所较少，消防措施不完备，事故率高
绿化程度（B_{41}）	社区中有足够绿地，遮阴效果好	社区中有绿地，遮阴效果一般	社区中没有足够绿地，遮阴效果不好
环境质量（B_{42}）	空气质量、水质量优	空气质量、水质量良	空气质量、水质量差
居民素质（B_{51}）	居民受教育水平较高，邻里关系和睦	居民受教育水平一般，邻里相处和谐	居民受教育水平较低，邻里关系不和睦
社区文化（B_{52}）	社区活动参与度高，社区自豪感、认同感高，历史街区对社区有正外部性	社区活动参与度一般，社区自豪感、认同感一般，历史街区对社区无影响	社区活动参与度低，社区自豪感、认同感低，历史街区对社区有负外部性

根据现场探勘资料、问卷数据和访谈情况，对大栅栏地区的二级指标的值进行计算，并根据计算结果对二级指标所反映的宜居水平进行分类。分类结果见表 9-34。可以看出，A 级指标共有 5 个，分别是公共服务、经济数量、社区治安、灾害防控、社区文化；B 级指标共有 4 个，分别是基础设施、经济质量、环境质量、居民素质；C 级指标共有 2 个，分别是住房条件和绿化程度。

表 9-34　二级指标评级结果分类

A 级指标	B 级指标	C 级指标
公共服务（B_{13}）	基础设施（B_{12}）	住房条件（B_{11}）
经济数量（B_{21}）	经济质量（B_{22}）	绿化程度（B_{41}）
社区治安（B_{31}） 灾害防控（B_{32}）	环境质量（B_{42}）	
社区文化（B_{52}）	居民素质（B_{51}）	

资料来源：作者根据调查结果整理。

总体来看，大栅栏地区的宜居水平较低。该地区的居民大部分居住在四合院中，较少有人居住在楼房中，并且房屋大多较为陈旧，需要翻新；在房屋内，房间结构也比较简单，卧室占了大部分面积，许多房屋中没有卫生间。另外，胡同道路拥挤、绿化面积少、步行的安全隐患等也表明该社区的居住条件并不理想。

具体说来，该社区的经济质量、环境质量、基础设施建设、居民素质基本达到了一定水平。经济质量方面，根据调查结果，前门地区的恩格尔系数偏高，因此需要引导居民调整与升级消费结构。环境质量方面，虽然大气污染物含量较上一年有所下降，但是距离空气质量优秀仍然任重道远，水环境质量尚可，需要防范水体富营养化。此外，基础设施建设、居民素质方面均有继续提升的空间。

该地区在社区建设中取得了一定成就，调查与研究结果显示，大栅栏地区公共服务设施比较完备，第三产业发达，教育、医疗体系为社区带来福利的同时，居民的购物、娱乐、阅读等精神文化需求也能得到满足。大栅栏地区的社会治安、灾害防控工作也做得较好，居民的安全有很好的保障。

9.4 历史城区的建筑能耗

9.4.1 建筑能耗调查设计

居民建筑生活能耗是主要的能源消耗方式之一。我国近几年通过推进绿色建筑等节能减排方式来降低建筑能耗，如 2014 年国家住房和城乡建设部颁布的《绿色建筑评价标准》（GB/T 50378—2014）等。随着基础建设的快速发展，我国能源自足的能力有所增强，保障了国民经济发展和人民群众社会生活的发展需要，但依然面临诸多问题和挑战，尤其是历史城区居民建筑能耗问题。其复杂的居民结构和传统的建筑形式，对居民建筑能耗产生了巨大影响。

近年来，随着我国城镇化进程的加速以及居民收入水平的提高，生活能耗快速增长。特别是电力能耗，依据《中国统计年鉴2013》数据，2012 年同比增长 10.7%。电能消耗的快速增长反映了我国近年来空调、电脑、电热水器、微波炉等家用电器的普及以及我国住宅建筑的空前发展。能源需求的增加，一方面反映出我国居民物质生活水平的提高，另一方面也意味着我国政府致力于能源保护和节能减排政策的实施是十分必要的。依据《中国统计年鉴2011》数据，2009 年，我国居民生活能耗占总能耗的 13% 左右，是仅次于工业的第二类能源消耗。

作者采用问卷调查法和深度访谈法对研究区域内的能耗问题进行考察。问卷包括采暖设施、采暖时间、能源消费、降温设施、降温时间、炊事能耗方式、照明设备及时间等内容。同时，笔者在一些社区的居民家中进行了一对一的问卷调研。由于一些能源消耗不能直接以问卷获知（如每月用煤量），因此在设计问卷问题时，作者采用了间接的形式，如询问居民平均每月用电支出、炊事用能支出等。

9.4.2 采暖与降温能耗

采暖能耗是居民生活能源消耗的主要方式。20世纪50年代以来，我国北方的城镇安装了集中供暖系统。但根据笔者对北京大栅栏地区的调查，该地区81.3%的居民靠电采暖，只有10.1%的居民用暖气供热，6.8%的居民采用空调供暖，还有0.3%的居民不采用任何的采暖方式。每户居民每年平均采暖128天。除了集中供暖之外，分散采暖平均每天8.9小时。

从能源消费来看，采用电暖气的居民由于平均每天采暖时间较长，因此花费较高；采用空调供暖的居民，大多考虑空调的功率，平均每日使用时间较少。如表9-35和图9-5所示，电暖气的使用较为普遍。

表9-35　大栅栏地区（含前门街道和大栅栏街道）居民采暖能耗

采暖方式	平均每户年能耗（千瓦时/年）	平均每户能耗消费（元/年）
电暖气	5001	2500.5
空调	670	335
电热毯	252	126
小太阳	1012	506
暖气（元/年）	—	1823
不采暖	—	—

资料来源：作者根据调研结果整理绘制。

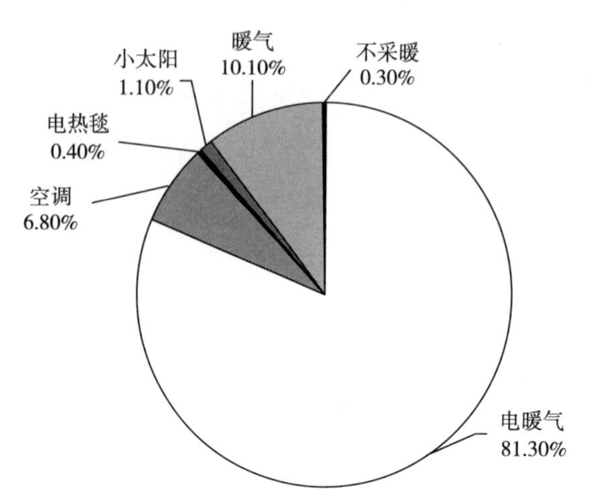

图 9-5 大栅栏地区（含前门街道和大栅栏街道）采暖方式比例图

资料来源：作者根据调研结果整理后自绘。

北京的气候夏热冬冷，夏季日均最高气温 29 摄氏度，因此夏季降温是主要能耗途径。笔者的调研数据显示，即使电风扇的功率能耗以及单价要低于空调，大栅栏地区居民对空调的依赖程度仍略高于电风扇（见图 9-6），仅有 7% 的居民夏季不采用降温设备。由于空调的单位功率远高于电风扇的单位功率，因此大栅栏地区户均降温能耗中空调的能耗约为电风扇能耗的 19 倍（见表 9-36）。

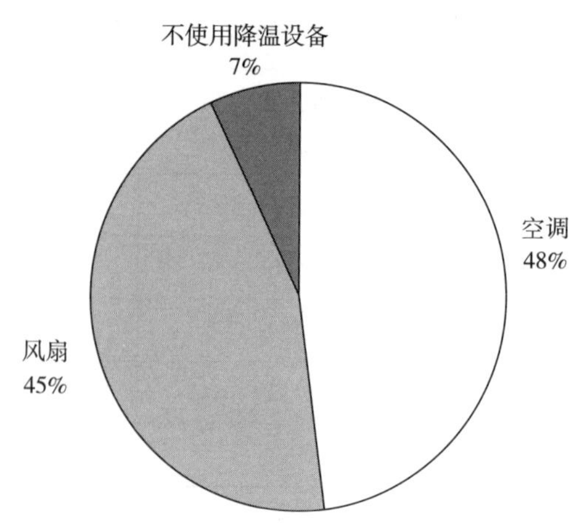

图 9-6 大栅栏地区（含前门街道和大栅栏街道）降温设备使用比例

资料来源：作者根据调研结果整理后自绘。

表 9-36　大栅栏地区（含前门街道和大栅栏街道）降温设备使用比例

降温方式	平均每户年利用小时数	平均每户年耗电量（千瓦时）
空调	575	859
风扇	607	45

资料来源：作者根据调研结果整理绘制。

9.4.3　生活能耗

大栅栏地区的照明情况较好，无论是路边照明还是家庭照明。街道中几乎没有黑暗地区，可以保障夜间人们的步行需求，也确保了大栅栏地区的夜间安全。调查结果显示，大栅栏地区的节能灯普及率较高，达到 88.6%，节能灯的年利用小时数为 1227 小时（见表 9-37）。大栅栏地区平均每户居民住房面积为 26.2 平方米，照明设备通常布置在卧室中，平均每户有 1.9 盏灯。冬季每户居民每天的照明时间平均为 5.89 小时，夏季平均每户每天的照明时间为 4.79 小时。

表 9-37　大栅栏地区（含前门街道和大栅栏街道）照明能耗

	年利用小时数	平均每户月耗电（千瓦时）	平均每户年耗电量（千瓦时）
白炽灯	1051	3.4	40.8
节能灯	1227	96.3	1155.1

资料来源：作者根据调研结果整理绘制。

随着生活水平的提高，热水已经成为居民生活的必需品，大栅栏地区居民主要的热水加热工具为电热水壶，占 39.8%，其次是液化石油气，占 18.7%，还有 15.6% 的居民使用燃气灶加热，仅有 1.6% 的居民使用煤气烧热水（见图 9-7）。

图 9-8 表示的是大栅栏地区居民炊事能耗来源：液化石油气是主要的炊事能耗来源，占 69.1%；煤气的使用占 18.6%；天然气的

使用占10.1%；还有少量居民使用电磁炉（0.3%）。由于大栅栏地区的商业业态较多，许多居民自家从事餐饮服务等行业，但能源价格较低，因此炊事能耗并不是花销最大的能源消耗方式。

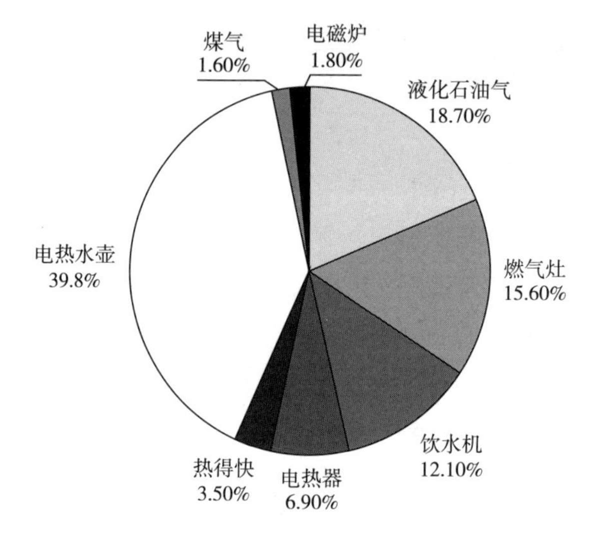

图9-7 热水能耗来源比例图

资料来源：作者根据调研结果整理后自绘。

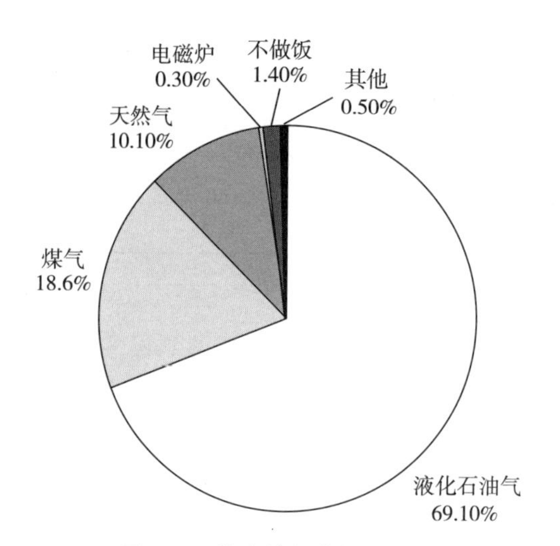

图9-8 炊事能耗来源比例图

资料来源：作者根据调研结果整理后自绘。

9.4.4 能耗分析与总体评价

这一部分对北京大栅栏地区的居民建筑生活能耗进行分类评估，主要关注采暖能耗、降温能耗、照明能耗、炊事热水四大生活能耗。大栅栏地区能源来源主要有电力、液化石油气、煤气和天然气。

调研结果显示，大栅栏地区居民平均每户采暖能耗为每年4052千瓦时，其中81.3%是电暖气采暖，6.8%是空调采暖，0.4%的居民使用电热毯采暖，10.1%的居民使用暖气采暖，还有0.3%的居民在冬季不采用任何采暖设施。大栅栏地区夏季空调使用率较高，有48%的居民使用空调降温，45%的居民使用电风扇降温；平均每户居民夏季降温能耗为432.57千瓦时。居民的采暖能耗是降温能耗的9.36倍。大栅栏地区平均每户居民照明能耗为1021.29千瓦时，节能普及率较高（88.6%），且社区内街道照明设施齐全，保障了社区内安全和行人出行便利。大栅栏地区的炊事能耗以液化石油气为主，占69.1%；煤气和天然气的使用量也较高，分别占18.6%和10.1%。

可见，大栅栏地区的能耗以采暖能耗为主，其他方面的能源消耗并不大。因大栅栏地区没有集中管线铺设，多为分散供暖，采暖能耗以电力为主，北方冬季采暖期较长，因此电能消耗较大。该地区可以采用集中供暖来减少由分散供暖带来的不必要的能源消耗。但考虑到该地区居民结构的复杂性和多样性，一些社区外来人口较多，或一些院落以出租为主，因此可以分社区铺设管线，按照不同社区居民的意愿铺设管线，从而逐步实行集中供暖。

北京市其他地区绝大部分采用集中供热采暖，单位面积采暖能耗折合标准煤平均每年每平方米约20千克。而大栅栏地区采暖以分散采暖为主，如果将分散采暖能耗换算成标准煤，大栅栏地区单位面积采暖能耗合49.28千克标准煤，是北京其他地区集中采暖能耗的2.46倍。根据北京大学能源项目组的研究数据（赵鹏军，

2016)，我国城镇居民 2012 年平均每户照明能耗的 90.8 千瓦时，远远低于北京大栅栏地区照明能耗。

总体来看，大栅栏地区能耗水平高于北京市居民平均能耗水平，且能耗来源主要是电力。采暖能耗是主要的能耗方式，由于大栅栏地区居民的供暖以分散供暖为主，能耗供应不集中也是能耗利用不经济的重要原因。

本章参考文献

[1] 赵鹏军：《能源高效型城镇化研究：进程、模式与规划管理》，北京：中国铁道出版社 2016 年版。

[2] 北京市西城区环境保护局：《2014 年西城区环境状况公报》，2015 年。

历史城区绿色宜居的建设路径

10.1 历史遗迹保护与居民生活质量提升协调发展

10.1.1 文保单位保护与利用

10.1.1.1 文保单位保护相关法律和政策

在我国，许多法律法规都有关于文物保护单位的条款。由于大栅栏地区有多处历史文化街区，因此该地区的保护也涉及历史文化名城、历史文化街区的相关法律与政策。

a.《中华人民共和国宪法》

《中华人民共和国宪法》第12条规定，“社会主义的公共财产神圣不可侵犯。国家保护社会主义的公共财产。禁止任何组织或者个人用任何手段侵占或者破坏国家的和集体的财产”。由于文物保护单位属于社会主义公共财产范畴，因此也是神圣不可侵犯的。

《中华人民共和国宪法》第22条规定，“国家发展为人民服务、为社会主义服务的文学艺术事业、新闻广播电视事业、出版发行事业、图书馆博物馆文化馆和其他文化事业，开展群众性的文化活动。国家保护名胜古迹、珍贵文物和其他重要历史文化遗产”。可见，我国对于历史文化事业和文物的保护工作十分重视。

b.《保护世界文化和自然遗产公约》

1972年10月17日至11月21日，联合国教科文组织第17届会议在巴黎召开，会议于11月16日通过了《保护世界文化和自然遗产公约》（以下简称《世界遗产公约》）。我国第六届全国人民代表大会常务委员会第十三次会议于1985年11月22日通过了我国加入《世界遗产公约》的决议，表明我国对世界遗产的保护和利用非常重视。

《世界遗产公约》的第一条列出了文化遗产的范围和概念，包括文物、遗址、建筑群。公约中还明确了保护遗产是有关国家的责任，并指出各缔约国应当怎样采取积极有效的保护措施。

c.《中华人民共和国文物保护法》

《中华人民共和国文物保护法》(以下简称《文物保护法》)是一部专门法，是我国为加强对文物的保护，继承中华民族优秀的历史文化遗产，促进科学研究工作，进行爱国主义和革命传统教育，建设社会主义精神文明和物质文明而制定的法规。这部法律由第五届全国人民代表大会常务委员会第二十五次会议于1982年11月19日通过，自1982年11月19日起施行。当前版本为2017年11月4日第十二届全国人民代表大会常务委员会第三十次会议修改后的版本。

《文物保护法》的第一章“总则”、第二章“不可移动文物”和第七章“法律责任”与文物保护单位息息相关。第二章规定了不可移动文物可按照历史、科学、艺术价值分为国家级、省级、市级和县级文物保护单位以及非文物保护单位，并明确了历史文化名城的核定和保护规划，各文物保护单位保护范围和建筑控制地带的划定，文物保护单位周边作业的要求，文物保护单位修缮、保护、利用等方面的要求。第七章明确了如何惩罚各种毁坏文物的行为以及如何追究责任等相关规定。

d.《中华人民共和国文物保护法实施条例》

《中华人民共和国文物保护法实施条例》(以下简称《实施条例》)属于行政法规，根据《中华人民共和国文物保护法》制定，共8章64条。2003年5月13日，国务院第八次常务会议审议并通过该条例，自2003年7月1日起施行。该条例最新一次修订是在

2017年。

《实施条例》是对《文物保护法》的补充说明，更加细致地规定了具体工作的实施办法，有利于文物保护工作的顺利进行。

e.《城市紫线管理办法》

建设部2003年通过了《城市紫线管理办法》，这是为了加强对城市历史文化街区和历史建筑的保护，根据《中华人民共和国城乡规划法》《中华人民共和国文物保护法》和国务院有关规定制定的。经中华人民共和国建设部（2008年更名为中华人民共和国住房和城乡建设部）第22次常务会议审议通过，2004年2月1日开始实施。“城市紫线”指国家历史文化名城内的历史文化街区和省、自治区、直辖市人民政府公布的历史文化街区的保护范围界线，以及历史文化街区外经县级以上人民政府公布保护的历史建筑的保护范围界线。该办法明确规定了在编制城市规划时应当划定保护历史文化街区和历史建筑的紫线，并指明了由谁划定并管理城市紫线和城市紫线范围内的建设活动要求。

f. 其他法规政策

除以上几部重要的法律法规之外，还有《文物保护工程施工资质管理办法（试行）》（国家文物局于2014年发布）和《文物行政处罚程序暂行规定》（中华人民共和国文化部于2005年发布）等相关的法律和政策。

10.1.1.2 大栅栏地区相关保护政策实行情况

a. 建设控制地带

文物保护单位周围的建设控制地带分为五类。大栅栏地区的文物保护单位中，正乙祠、德寿堂药店、纪晓岚故居为二类地带，即可保留平房的地带。对平房地带现存的平房应当加强保养，不允许随意改建扩建。不符合要求的建筑或危险建筑，应创造条件按传统四合院的形式进行改建，经批准改建、新建的建筑物，高度不得超过3.3米，建筑密度不得大于40%。粮食店街第十旅馆为三类地带，即建筑高度不超过9米的地带。地带内的建筑物形式、体量、色调都必须与文物保护单位相协调；建筑楼房时，建筑密度不得大于35%。劝业场旧址、谦祥益旧址门面、瑞蚨祥旧址门面、祥义号绸布店旧址门面、盐业银行旧址、交通银行旧址位于大栅栏历史文化保护区内，建设控制地带的建设应符合保护区规划。其他文物保护单位的建设控制地带未在官网公布，已公布的建设控制地带划定合理。

b. 保护范围划定

大栅栏地区的正乙祠、劝业场旧址、谦祥益旧址门面、瑞蚨祥旧址门面、祥义号绸布店旧址门面、盐业银行旧址、交通银行旧址的保护范围为建筑本身及散水、台阶投影范围；第十旅馆、德寿堂药店保护范围为文物建筑本身；纪晓岚故居保护范围为珠市口西大街241号院四至现状围墙。其余文物保护单位的保护范围尚未在官网公布，已公布的保护范围划定合理。

c. 发展规划

2002年起，北京市规划委员会（现北京市规划和自然资源委员会）和宣武区人民政府（现西城区人民政府）组织了大栅栏地区保护、整治与发展规划设计方案的国际征集活动。经过深入调查、专题研讨、国际招标和专家评议后，制定了《北京大栅栏地区保护、整治与发展规划》并获得市政府审定通过。该规划将建设文化、商业、旅游三者相结合的商业地区及延续大栅栏地区的传统城市功能作为地区发展的目标；通过有效组织和疏导城市交通、大力发展公共交通来应对目前地区发展面临的主要矛盾；强调控制地区人口规模、提高居民生活质量以及健全多渠道共同参与地区保护和建设的机制，对规划实施分期建设等。

从作者调查的文物保护单位及其周边环境的情况来看，该规划的功能分区已基本实现，文化、商业、旅游三方面综合发展，但交通组织仍有所欠缺，居民停车和行车困难是要重点解决的问题。此外，部分历史建筑周边环境杂乱，应当予以整治。总体而言，该规划对于大栅栏地区的现状仍适用。

10.1.2 非文保街区和建筑保护与利用

10.1.2.1 非文保区保护工作的特殊性

非文保区和文保区的保护工作有很大的区别，其特殊性主要体现在保护方法的非法制化、保护主体为非政府部门、保护路径的自下而上、保护资金的多样性等方面，具体保护策略见表 10-1。

表 10-1 非文保区的保护策略

所属类别	二级类别	保护内容	保护内容解释
物质结构	建筑结构	建筑质量	建筑构件完整性，日常维护有效性
	院落空间	院落形态	院落结构完整性，建筑高度一致性
		空间组织	房间组合有序性，院落交通组织顺畅性
		开敞空间	空间围合完整性，开敞空间完整性
	建筑功能	功能房间	功能房间齐全性，房屋宜居性
		基础设施	入户基础设施齐全性
视觉景观	片区肌理	道路肌理	古代路网的肌理完整性
	历史风貌	历史信息	建筑包含的历史信息，建筑细节完整性
		风貌协调	整体色彩协调性，新老建筑风貌统一性
社会功能	文化认同	文化认同	地方文化特异性，居民归属感
	社会组织	社会网络	社会网络完整性，居民关系融洽性
		同化程度	迁入历史街区居民对区域的适应性
		社会兼容	区域对迁入居民的友好性

目前，我国的文物保护政策体系是一种基于政策和法律制约的保护体系，其保护主体是政府部门，采取自上而下的保护策略，保护经费绝大部分来自政府财政。虽然后来出于保护更多历史街区的需要，拓展到“历史文化名城”等相对广泛的区域，但是由于相关政策和法律法规的僵化，加之财政专项经费的不足，各地对城市尺度的历史街区的广泛保护力不从心。

我国的非文保区，没有被纳入法定保护的范围，所以在保护方法上，不能拘泥于法定保护的思想。保护政策和法规是针对重点保护区的，而不是用于广泛保护的。一味地进行政策延伸，并不能使政府更有效地保护非文保区，反而会在保护范围过度膨胀的情况下导致大部分地区的“保护未实施”，对文保区的保护造成不良影响。实践证明，通过法律和政策延伸的方式为历史城区非文保区提供保护的方案是行不通的。非文保区的保护应该基于发展的观点，以引导代替约束，提供一种非法制化的“引导”式保护方案。

由于保护方法不再单纯依靠政策和法律，非文保区的保护主体不再是政府部门，而应该是居民和民间机构。只有历史街区的真正使用者才真正明白历史街区的意义和价值。主体为居民的公众参与和主体为民间机构的民间资本参与机制可以很好地协调非文保区保护和利用的关系。

在保护路径方面，非文保区基于公众和资本参与的保护路径也应该是自下而上的。这一保护模式可以从当地的实际情况出发，量身定制符合当地实际的保护与发展方案，在一定程度上规避自上而下的保护模式中存在的兼容性问题和资源浪费。

在保护资金方面，非文保区没有专项经费的支撑，要求政府和纳税人提供专项资金进行广泛的非文保历史街区保护是不现实的，要想获取稳定的非文保区保护资金，其重点在于发掘这些历史街区的价值，通过价值的交换让历史街区“活起来”，通过对历史街区的合理发展筹集历史街区的保护经费，实现自给自足。当前，可以采用的模式是引进民间资本，让民间资本在历史街区中获取合理收益，实现历史街区保护与发展的有机结合。

10.1.2.2 基于完整性的保护方法

在我国经济高速发展的今天，城市历史文化保护和利用问题十分突出，主要体现在历史街区的保护与经济发展的矛盾上。由于街区保护经费不足，政府为了城市发展而普遍采取拆除的方式。博物馆式的静态保护不能适应社会经济发展的需求，而对历史街区的破坏性发展更会使城市的特色消失并导致城市的文脉中断，这是以牺牲城市文化的可持续发展和城市特色为代价的。

历史街区的保护不仅关注历史街区的建筑本身，还要保留历史街区数百年甚至上千年形成的街区特色和城市文脉。相比于重点文保区近似于博物馆式的静态保护方式，非文保街区的保护策略则更为灵活。历史城区非文保区的保护不是单纯的历史文化保护，而是引入保护与发展相结合的保护方式，采取更主动、更动态的保护策略。

在保护价值方面，历史城区非文保街区的历史遗存作为历史城区重点保护区的外围部分，同样应该被保护。而这种保护应该建立在尽量满足当地居民生活需要的基础上，其保护的方式也不应该给居民的生活带来不便。

我国现有的历史街区保护涉及周边区域时，使用了类似于建设控制地带、风貌协调区等概念，作为文保政策在保护区之外的区域的延伸。但是，在国内部分重点文保区保护规划都存在实施困难的状况下，这种延伸具有很大的局限性，并不能从根本上建立一种针对非文保区的有效保护机制。

根据完整性的概念，保护历史街区和历史建筑，不仅要保护建筑（物质结构）本身，还要保护周围的环境（视觉景观）；不仅要保护实体，还要保护其非物质层面（社会功能）的价值；不仅要保护，还要适度进行发展。整体性规划正是对完整性理论的一种实践。整体性保护（integrated conservation）讲求的不是某一方面或者某几方面的重点保护，而是将物质结构、视觉景观、社会功能、空间及社会的未来发展相结合，是一种有机的、动态的协调性保护。完整性保护可以使历史街区的保护策略在自然环境或者社会状况发生变化时及时调整，继续发挥应有的作用。《华盛顿宪章》针对文化遗产领域完整性原则的各个方面的要求，提出了对历史城区整体性保护的方法。

为了提高效率，对历史街区的保护应当作为经济和社会政策的有机组成部分嵌入城市规划中。这种把历史街区的保护与城市规划相结合的历史街区保护策略，就是整体性保护。整体性保护是一种把保护与发展结合起来的综合性、利用性的保护。

对历史街区进行整体性保护的目的在于：保持历史文化遗产及其环境的永久存在，实现历史街区和其中建筑的永续使用。为了实现这一目标，需要通过功能的引导，控制历史街区的合理使用强度。具体而言，就是对历史街区过度利用的区域实施人口疏解；对于衰退的城市中心历史街区则需要遏制人口减少；通过措施，提升当地生活条件，留住原住居民，防止该区域进一步衰退。

整体性保护方式将历史街区与现代城市生活相结合，改善历史街区的自然环境以及当地居民的生活条件，加强历史街区与城市公共空间的联系，以适应与社会经济发展需要，满足使用者对历史街区的使用需求。如《南京历史文化名城保护规划（2010—2020）》（原南京市规划局于 2017 年发布）扩大了文物保护范围，除了现有的文保单位以外，还将 1000 多处具有文化价值、保存状况良好的非文保单位也纳入了保护范围，体现了基于“整体性保护”的规划理念。

整体性保护不是一种单一的保护方法，而是为历史街区保护规划实践提供了一条保护思路，帮助保护规划在实践中抓住重点，增强可实施性，提高保护效率。在保护实践中，可以引入民间资本实现基于民间资本协作机制的整体性保护，也可以充分调动公众参与历史城区非文保区保护的积极性，实现基于公众参与的整体性保护。

10.1.2.3 基于完整性的空间保护建议

历史城区的空间完整性保护策略应该注重多个方面的内容，具体见表10-1。在物质结构方面，大栅栏地区非文保区的完整性较差，存在建筑质量较差、缺乏修缮、院落结构破碎、开敞空间被违章建筑挤占等一系列问题。针对以上问题，需要提升建筑质量并加强日常维护，实现建筑质量和院落空间水平的同步提高。在保护实践中，首先应当充分梳理四合院的产权，实现产权的统一，然后进行院落违章建筑的统一清理，通过疏解部分居民，为并入功能性房间提供空间。同时，以功能改造和院落空间清理为契机，对建筑中的老旧构件进行修缮。

在视觉景观方面，针对空间肌理保持程度较好而风貌协调度较差的问题，可以进行基于建筑高度和建筑颜色的建筑清理，在区内确定一些高度和体量与街区风貌严重不协调的新式建筑，并对其进行拆除或者颜色和建筑高度方面的改造。对于一些长期存在的临时性建筑，如施工时修建的板房等，进行及时拆除。

在社会功能方面，调查区域总体来说状态良好，文化认同度和社会组织的完整性都较强。在未来的历史街区保护与改造实践中，可以合理发挥这一完整的社会网络的作用，组织有效的公众参与，让更多公众参与到非文保区的保护规划实践中。

10.1.2.4 房屋产权的破碎化对整体性保护的挑战

在我国，历史街区建筑物的权属问题是历史街区保护的一大难点。在产权方面，大栅栏非文保区历史建筑的产权权属多为公有，占63.7%，另有17.4%的居民居住在产权人出租或出借的房产中，拥有所居住宅产权的居民不到20%。由此可见，绝大多数历史建筑的使用者并不拥有建筑产权，房屋产权的破碎化对整体性保护提出了很大的挑战。

在这些区域，一些直管公房原本具有私人产权，由于特殊时期的房屋“紧缩”政策，一些房屋面积较大的产权人被迫将房产证交给房产局，并将自己房屋的一部分使用面积腾出，由组织进行分配，分给一些没有住房的居民使用。正是由于这种“紧缩”政策，历史院落中迁入了大量居民，由一院一户的四合院民居转变为一院多户的大杂院式民居。

这些被分配的公有住宅被称为“公房”，是带有一定福利成分的住房。公房制度使得大量收入较低的居民获得了住房，但公房作为一个历史遗留问题，存在很多弊端。其中最大的弊端就是公房产权权属不明确。根据管理、使用主体的不同，公房可划分为直管公房（由房地产管理部门管理）、系统管理公房（由政府各部门所属单位按系统自管自用）及单位自管公房（全民所有的企事业单位自管自用），其中经常出现管理权与使用权长期分离的情况。

政府根据这种情况，提出了公房产权转化的相关意见。2006年由政府主导的公房产权转让制度使一部分居住在公房的居民可以通过缴纳少量费用的方式获得公房产权。后来的腾退政策中对公房也有相似的补偿，公房的补偿款依然很高，拥有产权的私房补偿金与公房没有明显的差异。这就承认了公房其实是具有实质性的小产权的事实。公房虽然不能擅自买卖，但是公房居民对公房却拥有实际的使用和支配权，而房管部门也只是收取少量象征性的房租，以标示房屋的权属，在政策实施中其实并没有对这些房屋的绝对处置权。公房的管理不受廉租房管理条例这类现代政策制约，公房的动迁和腾退都需要承租者的同意才能进行。而目前存在的公房大量出租的事实也印证了这种说法。这说明在一定程度上，公房并没有成为公房居民必需的住所，而出于公平方面的考虑，又没有有效的政策取消拥有第二套房产的公房居民的公房使用权。公房的产权和土地问题属于历史遗留问题，是特殊历史时期的产物，无法按照现有政策得到彻底解决，这也是长期以来公房不能上市交易的主要原因。

10.1.2.5 基于社区的历史街区保护方法与公众参与

《华盛顿宪章》提出，历史城镇和城区的更新首先涉及它们的居民，因此居民的参与对保护计划的成功起着重大的作用，应该加以鼓励。《西安宣言》提出，要保护遗迹周边环境并维护其完整性需要同当地社区合作，这也是维护文化遗产周边环境的可持续发展的重要途径。

在实地调查中，对社区的公众参与现状评估主要包含三个方面：公众的诉求、公众参与非文保区保护规划及相关政策制定的程度，以及公众参加非文保区保护与完整性维护（自行或者配合修缮）的情况。

以大栅栏地区为例，在公众诉求方面（见图 10-1），有 47.9% 的居民表示他们最想要的就是更大的使用面积，另有相当比例（43.8%）的居民表示他们想要的是更好的生活环境，只有不足 10% 的居民想得到更多的金钱补偿。由此可见，对住房条件的要求是居民对非文保区更新的主要诉求，其重要程度超过经济补偿。访谈过程中，两个居民表示他们要的就是更大一点的使用面积，以解决最基本的生活问题，例如厨房区域以及卧室与居住空间的分隔空间，他们并不想以搬离该区域换取几套房产或者一笔补偿款，想要的只是原有居住空间的环境得到改善。

B13：诉求		计数	百分比	累积百分比
1		10	8.3%	8.3%
2		53	43.8%	52.1%
3		58	47.9%	100%
总计	0% 10% 20% 30% 40% 50% 60%	121	100%	

图 10-1 居民诉求分布图

资料来源：作者根据调研结果整理后自绘。

至于公众参与方面，笔者在调查中发现：区域内有 51.6% 的居民表示他们参与了所在历史街区的保护与改造规划的讨论。其中，大多数居民参与的方式为聊天打听（52%）和主动问询（14.8%），公众有效参与到规划过程中的比例仅为 16.39%，但是这些有效参与都停留在象征性的参与层次。其中，参与在告知（informing）层次的占 35%，在征求意见阶段（consultation）的占 65%。

在参与规划的过程中，“告知”这种方式多集中于决策阶段，占 75%，而 25% 发生在实施后的阶段，这些就属于无效告知。“征求意见”做得比较好，全部意见的征询都处于决策阶段（81.8%）和实施中（18.2%），且绝大多数的意见征求都在决策阶段。

居民的主动问询和聊天讨论其实是一种“非参与”级别的公众参与，因为这种行为可以对公众参与起到一定的启蒙作用，笔者也对此做了研究。居民主动的问询多集中于规划的实施阶段，约占 60%；在决策阶段，仅有 40% 的居民主动问询。聊天打听贯穿规划决策、实施和实施后的每个阶段，其中在决策阶段占 60.9%、实施阶段和实施后阶段共占 39.1%。调查中没有任何居民提到针对规划的政策投诉，而这种行为在实际中是存在的，没有被调查到可能是调查样本选择的问题。

社区公众参与规划是一种自下而上的过程。公众参与好比一场博弈，政府的角色是仲裁者，参与规划过程的公民与相关团体组成的利益群体进行博弈，各自争取尽可能多的利益。

从非文保区的公众参与现状可以得出，调查区域中的公众参与已经达到了初级水平，但是依然存在很大的弊端。最显著的弊病就是公众参与面太窄、参与市民数量太少。究其原因，除了居民的主动参与意识差以外，居民文化程度的制约和参与决策能力低下也是不容小觑的原因。在访谈中笔者发现，大部分居民既不具备规划和保护相关知识，又不了解与规划与历史城区保护有关的政策，在这种情况下很难实现有效的公众参与。调查显示，在研究区域内，只有 23.2% 的公众了解片区的城市规划与历史街区保护政策。在一次访谈中，两个居民提出在他们居住的危旧平房上加建一层以增加使用面积的设想。这种建议显然不可能实现。因此，加强公民能力建设，为公民普及相关的专业知识，是扩大公众参与范围以及提高参与有效程度的必要手段。

此外，官方促进居民参与机制的缺失也在一定程度上影响了公众参与的实现。在访谈中，一个居民表示，在她参与保护规划的讨论后，政府虽然听取了他们关于“和附近社区居民获取同等水平拆迁补偿金”的建议，但在实际操作中并没有采纳，依然按照预定的政策实施。这种参与失败的结果以及决策和意见反馈机制的缺失，在一定程度上打击了居民参与规划以及非文保区保护的积极性。要解决这个问题，应该在社区管治思想指导下，推动公众参与机制的建立。

在公众参与中，政府职能部门首先应当向公众普及一些相关的政策，并告知公众，为保护文化遗产和历史街区，政府部门现在正在做些什么以及将来有可能做些什么，以此解决居民和政府部门之间信息不对称的问题。其次，政府部门应积极引导居民进行有效的讨论，并根据讨论结果指导规划决策，或者评估拟定的保护规划或建设的公众支持程度。另外，在程序和会议组织方面，还应该为公众提供方便到达的集合地点，并用清晰易懂的宣传方式邀请当地居民参与。

10.1.2.6 经济手段与民间资本参与保护机制

在非文保区更新中，法律保护的作用十分有限，真正行之有效的是基于民间资本和公众参与机制的更新。这是一种政府与居民合作的更新机制。非文保区需要保护，但同样需要发展，而且发展的强度应该大于文保区，这些开发使得非文保区以及区内房屋建筑得到有效的利用和运转：一方面增加了社区的活力，有利于街区条件的改善和建筑质量的保持与提高；另一方面，商业开发带来的收益，可以大大减少历史街区保护中资本的投入。在历史城区非文保区的保护中引入民间资本，并促使资本在保护规划实践中发挥作用，可以让非文保区的保护具有经济可行性。

对于民间资本的鼓励政策，当前文保区的做法是：政府和民间资本共同投入资金，由政府提供减免税费等政策支持，并让民间资本在保护规划完成后在历史街区进行商业经营或旅游开发，收回成本并赚取合理利润。由于非文保区缺少相关的经费和政策支持，在很多地方需要当地居民以及民间资本的更多支持，这也对鼓励机制提出了更高的要求。同时，因为非文保区的政策相对宽松，对相关商业开发的干预不大，出资方可以获取更大的商业价值，所以相关的政策鼓励应该从这一方面入手。

在这个方面，国外已有很多理论成果和案例研究。例如，英国在古镇的开发中建立了公众参与及商业资本介入的机制，促使大批资本家充分利用城市土地并发展特色旅游和酒庄等产业，在振兴历史街区的同时，对古镇历史风貌的保护发挥了积极的作用。意大利则将市场机制引入自然遗产的保护。由于国家保护经费不足，所以引入了民间资本对自然保护区进行投资，开发出特色的自然遗产旅游产业，通过市场机制的运作，合理利用自然遗产，并依靠民间资本的投资加强日常保护，以保持自然遗产和自然保护区的良好状态。1994 年，意大利政府开始为历史建筑和文化遗产寻找有固定期限的产权人。这些产权人获取历史建筑不超过 100 年的产权，并对其进行日常维护和提供资金支持。产权人可以在保持历史建筑外观完整性的前提下对内部进行改造，并通过对遗产进行开发和经营赚取收益。这些产权人的经营权也有一定的限制，历史建筑的开放时间、参观价格等由国家规定。

如今，在资本参与方面，民间资本已经在一定程度上进入大栅栏地区并参与保护过程，其方式多为“四合院房屋中介”和传统的房地产中介。作者调查发现，区域内有 70% 的居民听说过四合院房屋中介。对于疏散意愿，48%的居民表示如果价格合适，他们愿意卖房搬家，而超过半数的居民表示没有搬迁意愿。

关于房屋转让价格的调查结果显示（见表 10-2），居民期待价格的平均值为 23.40 万元/平方米，这个价格比政府当前实行的拆迁的平均补偿款 20 万元/平方米高出 17%，更是比腾退的平均补偿款 8 万元/平方米高出了 193%。这种现象凸显了以政府财政对历史街区进行腾退的困境和复杂性。对于该区域附近现有的小型房地产中介而言，截至 2015 年的平均售价为每平方米 8.45 万元，而拥有产权的住宅的价格还可以适当提高，但一般不会超过每平方米 9.5 万元，与居民的报价相比，这一价格几乎没有可行性。因此，房地产中介这类传统的二手房交易机构，无法有效地投入资本来对多数居民进行腾退。

表 10-2　按照四合院中介整理的价格表

项目	中位数	平均值	平均值的置信区间	标准差	最小值	最大值
居民期待卖房价格（万元/平方米）	20.00	23.40	18.20—28.60	18.00	0.50	100.00
对照组面积（平方米）	13.80	14.30	11.14—17.51	5.75	6.80	25.00
出售价格（万元/平方米）	8.40	8.45	7.87—9.03	1.05	6.40	9.50
公房价格（万元/平方米）	7.80	7.90	7.06—8.74	0.91	6.40	9.00
私房价格（万元/平方米）	8.80	8.84	8.15—9.53	0.56	8.20	9.50
公房面积（平方米）	12.00	13.70	7.60—19.80	6.60	6.80	25.00
私房面积（平方米）	15.80	15.60	8.00—23.10	6.09	7.00	22.00

资料来源：作者根据调研结果整理绘制。

笔者选取的调查区域总面积为 3253 平方米，总人口为 381 人。文保区腾退的相关文件中关于人口疏散和腾退的条款规定，对于人均居住面积小于 5 平方米的，按照每人 5 平方米进行补偿，在具有完整面积与人口数据的 124 户中，有 37 户人均使用面积小于 5 平方米，约占 30%。这 30%的住户现有的房屋面积为 495 平方米，常住人口数为 137 人，按照人均 5 平方米的补偿方式进行修正以后，实际需要补偿的面积为 685 平方米，超出了其实际面积 38%。在民间资本参与的进程中，调查区域内需要补偿的面积为 3443 平方米，相当于房屋价格上浮 5.84%。这一面积差额成了需要资金支持的重点。民间资本在参与保护的过程中迫切需要行政扶持机制。

近年来，一些四合院中介对四合院进行整体收购和改善，达到维护院落完整性的目的，并将修葺一新的院落以高价转让给高端业主或企业使用者，这种方式可以成为促成老旧城区资本介入的可行方式之一。但这种资本的介入需要以改变院落中居民产权权属为先决条件。只有改变四合院内产权关系混乱的现状，将整个四合院统一产权，才能调动民间资本参与旧城风貌保护的积极性，对院落进行整体的更新和改造。

10.1.3 历史院落分级分类保护与利用

大栅栏地区的主要建筑类型是四合院，因此大栅栏地区建筑的发展历史其实就是四合院的发展与演变的历史。四合院本来是一户人家的住宅，包含具有不同功能的房间和位于院落中心的开敞空间，是功能和形态都很完整的典型北方民居形式。1949 年后，在一段时期内，由于经济原因，居民无力承担独门独院的住宅，只能把房屋出租，形成一院多户的居住形式。后来，因为“文化大革命”时的“破四旧”，原有的院落格局被破坏，完整的独户四合院在“房屋紧缩”政策实施后因迁入大量居民而沦为四合大杂院甚至大杂院。这种一院多户的混合居住形式成为历史遗留问题，一直延续至今。四合大杂院可以通过改造而恢复原貌，而纯大杂院的改造则比较困难（见表 10-3）。

表 10-3 非文保区历史院落风貌对照表

现存风貌	典型四合院	非典型四合院	
	四合院	四合大杂院	大杂院
院落状态	院落格局完整，私搭滥建不多，稍做修整就能恢复原始风貌	院落格局基本完整，私搭滥建很多，可以通过改造进行还原	院落格局完整性遭到破坏，私搭滥建非常多，很难恢复原有风貌
居民权属	一院一户，独立产权	一院多户，产权复杂：公房、私房、私人租赁	

院落空间的完整性可以从整体形态的完整性、院落内部空间组织的完整性以及院落中开敞空间的完整性三个方面来检验。具体而言，可以用现有院落的结构完整性、房屋高度、空间组合、交通组织、空间围合等指标与历史院落原貌进行对比，通过各个评价因子的改变程度来评估院落空间的完整性（见表 10-4）。

表 10-4 院落的完整性对照表

评价维度	评价因子	典型四合院	非典型四合院	
			四合大杂院	大杂院
整体形态的完整性	结构完整性	完整	基本完整	不完整
	房屋高度	不变	基本不变	有所改变
空间组织的完整性	空间组合	不变	有所改变	改变很大
	交通组织	不变	有所改变	改变很大
开敞空间的完整性	空间围合	不变	稍做改变	改变很大
	空间占用	不变	有所改变	完全改变

通过对目标院落的调研，笔者总结出历史院落的变迁方式（见表 10-5）。居民的住宅大多由四合院的一部分房间和可能出现

的违建房组成，在整体形态上呈现为支离破碎的复杂院落形态，居民数量严重超过历史建筑的承载力。四合院这样的传统院落原来只是供一户居民居住使用的。随着社会的进步，家庭由传统的大家族模式向核心家庭模式转变。家庭规模的缩小使得四合院可以容纳更多家庭居住，但四合院依然存在户数过多、人数过多的问题，给四合院建筑的保护带来困难。因为户数过多，居民意见分散，较难达成一致。同时，同一院落的产权分属不同的居民和单位，也给四合院的整体维护和可能的产权转让造成极大的障碍。

要对历史街区非文保区展开保护，对这些院落进行合理的人口疏散是必要的。针对北京旧城内四合院居民的复杂情况，应改变四合院内产权关系混乱的现状，力争实现每套院落产权集中统一，为进一步拆除私搭乱建和房屋修缮扫清障碍。

表 10-5 院落的完整性与改变方式

<table>
<tr><th colspan="2">历史院落的变迁方式</th><th>造成破坏的原因</th><th>造成的影响</th></tr>
<tr><td rowspan="2">附加构筑物</td><td>附加厨房</td><td>没有做饭空间</td><td rowspan="2">破坏院落整体肌理，侵占开放空间，使得四合院逐渐变成四合大杂院</td></tr>
<tr><td>附加住宅</td><td>居民过多，房间不够</td></tr>
<tr><td rowspan="3">改变构筑物，修缮和改建、扩建、翻新</td><td>封闭阳台</td><td>开放的阳台不方便使用</td><td rowspan="3">破坏了建筑物原有的风格和设计，使得院落失去原有风貌，是对历史文化的一种危害</td></tr>
<tr><td>低质量维修</td><td>构件毁坏，没钱维修</td></tr>
<tr><td>扩建与翻建</td><td>房屋狭小，年久失修</td></tr>
<tr><td>改变原有结构</td><td>房间重新分隔</td><td>居民户数太多，房间不够</td><td>院落原有结构遭到破坏，沦为大杂院</td></tr>
<tr><td>构筑物拆除破坏</td><td>建筑细节破坏</td><td>居民对这些细节装饰不重视</td><td>破坏建筑原有风格和装饰</td></tr>
</table>

10.2 建设绿色高效的综合交通体系

10.2.1 加强车辆管理，打造非机动化社区

大栅栏地区作为典型的胡同区，原本是最适合步行的社区类型，但是大栅栏目前的发展尚没有适应城市机动化的发展速度，造成了社区内步行空间内部的一系列问题，给居民步行出行带来诸多隐患。

大栅栏地区内部步行空间比较狭窄，在现有条件下几乎没有扩宽空间的可能，因此无法保证机动车的通行，建设非机动化社区是合理的策略。

笔者对大栅栏地区包括老年人在内的 297 名居民进行了非机动化社区建设意愿的调查，并整理统计得到大栅栏地区老年人非机动化社区建设意愿情况和大栅栏地区其他人群非机动化社区建设意愿情况（见图 10-2）。结果显示，81% 的受访者（包括“非常同意”和“比较同意”者）同意建设非机动化社区，禁止任何机动车的通行；仅有 15% 的受访者（包括“有些不同意”和“完全不同意”者）对非机动化社区的建设表示反对。由此可见，大栅栏地区非机动化建设已经成为大部分居民的一致诉求。

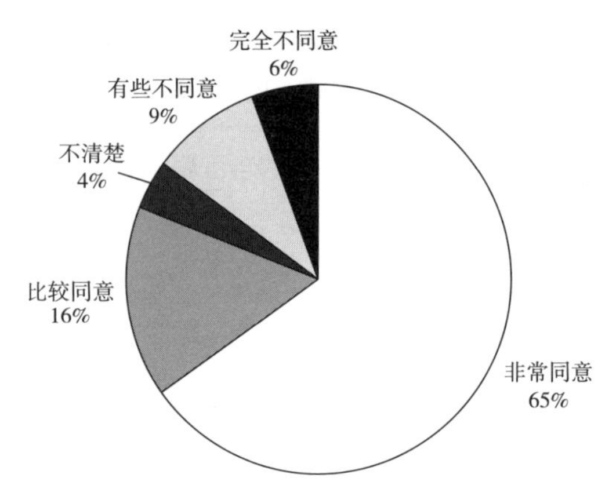

图 10-2 大栅栏地区其他人群非机动化社区建设意愿图

资料来源：作者根据访谈统计结果绘制。

除了问卷调查，笔者也做了一些深度访谈来了解居民对于这种规划的更为深入的想法：

（调查对象：48 岁，女，本地人）我觉得这个建议非常好，我们倒是没有听说过什么立体停车场，但是听你这么一说，觉得挺不错的，大栅栏里面停车问题越来越严重，我的女儿有时候来看我，就不知道把车停在哪里，能找到的停车场离这里都太远，女儿不可能拎着东西走那么远，所以就只能开进来，非常麻烦，走不动，也找不到停的地方……

对于大栅栏建立外部停车场的建议，笔者询问了一个把车开进大栅栏内部的出租车司机的意见：

（调查对象：51 岁，男，出租车司机）大栅栏胡同区里面的道路不是一般难走，关键是有些胡同你走着走着就发现走不过去了，不够宽或者是死胡同，那时候进不去也出不来，然后后面就一直堵车……我觉得大栅栏这种情况就干脆不要进车，其实大家也不想进来，如果外面设一些停车场，大家也会方便很多……我们这些出租车司机真的希望这样……

对于这个建议的可实施性，笔者咨询了当地的街道城建科主任，他给出了如下的回答：

（调查对象：32 岁，男，大栅栏街道办事处城建科主任）这个建议不错，大栅栏里面机动车的问题近几年特别严重，我们也考虑过建停车场的事情，但是实际情况涉及很多具体问题。建设停车场需要土地、人员，最重要的是需要资金，我希望你们的方案构想中要想到这些要素……

为了进一步了解各类人群对于非机动化建设的真实想法，笔者对居民支持（或反对）非机动化建设的原因进行了统计。结果显示，安全和路宽是居民支持非机动化社区建设的首要考虑因素。此外，机动车通行带来的交通环境污染也是推动非机动化社区建设的重要原因（见图10-3）。接受问卷调查和访谈的居民中，反对建设非机动化社区的居民的理由主要是停车问题和出行不方便。中青年人是私家车使用的最大群体，反对人数占受访人群的15%。在大尺度的社区范围中，小汽车对于部分中青年人来说是必要的交通出行工具。建设完全非机动化的社区会破坏他们正常的生活方式，造成他们生活的不便。下面列举一些深度访谈中调查对象的回答：

> （调查对象：51岁，男，本地人）我们当然希望社区完全没有车辆进来，大栅栏是胡同区，胡同从来就是那么窄，根本不应该走车，原来胡同算是最好步行的地方，但是现在却成了最难走的地方。
>
> （调查对象：61岁，男，本地人）我觉得你们非机动化的考虑最好去问一下年轻人，或者说是有车的人，我们这些老年人估计没有人会认为非机动化是不好的，老年人嘛，反应也慢，身体也不好，都不希望被车碰到……但是年轻人有时候也确实需要用车，比如我儿子每次要带着孙子过来，孙子又还小，就只能开车，完全非机动化最好让他们在停下车以后还有比较方便的方式能到达目的地，要不然就是不现实的。
>
> （调查对象：38岁，男，本地人）我是有车的，但是我还是支持这样，我们把车开进来很麻烦的，但是周围没有停车场啊，我们有什么办法……开车进来都是威胁大家安全的，我们住在大栅栏，当然希望大家更好，这是公民

意识……我倒是希望你们去问一下那些住在这里的外地人……主要看他们的想法吧……

（调查对象：28 岁，男，外地人，居住 1 年）这个我也说不好，如果（停车）价格还行的话，而且离我住的地方比较近的话，我都可以啊……

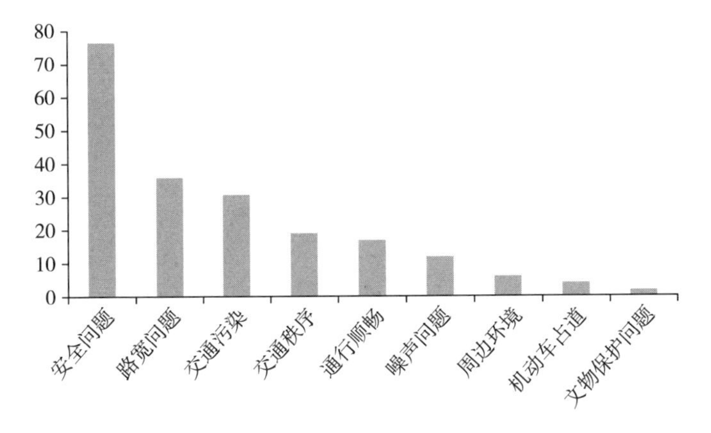

图 10-3 大栅栏地区居民支持社区非机动化建设的原因频次分布

资料来源：作者根据访谈统计结果绘制。

老年人出于出行安全和通畅的考虑，对非机动化社区的建设有着较多的诉求，这一诉求在大栅栏地区的中青年中也得到了较高的响应。建设非机动化社区的最大挑战在于如何为大栅栏地区的私家车车主提供足够的停车场所（在社区周边），以及在老年人和中青年人之间寻求利益的平衡。

大栅栏地区目前土地利用紧张，社区内部缺乏足够的停车场建设用地，因此停车场适宜建设在社区周边待开发的地区以及有开发潜力的地区。应该根据对大栅栏地区未来建设情况的了解和实地考察，确定社区停车场建设的初步选址。

从大栅栏街道办事处提供的大栅栏地区未来将要改造的地块示意图（见图 10-4）中可以看出，大栅栏地区未来改造的重点主要集中在片区北面（L、A）、社区内部中心（S）、煤市街以东地区（B、C、D、E、H）和煤市街以西片区的东南角（N）。首先，A、H 片区距离地铁站较近，而且目前区域内存在的一家洗车场占地面积较大，乱停乱放的机动车给居民生活带来了较大的困扰，可以拆除此洗车场作为停车场建设用地。其次，C 地块和 H 地块位于煤市街以东（见图 10-5和图 10-6），紧邻煤市街，交通方便，而且位于片区的南北两端，根据目前大栅栏的规划，拟在这两片区建设大型的商场，因此可以考虑在商场地下建设停车场，除了商场停车以外，也可以供大栅栏社区居民停车之用。再次，对于 N 片区，因为与 H 片区地理位置比较近，因此暂不考虑在此片区进行停车场建设。最后，对于 S 片区，因为其在社区内部，且位置居中，如果在此建设停车场，会增加社区内部的交通流，因此不建议在此片区进行停车场建设。

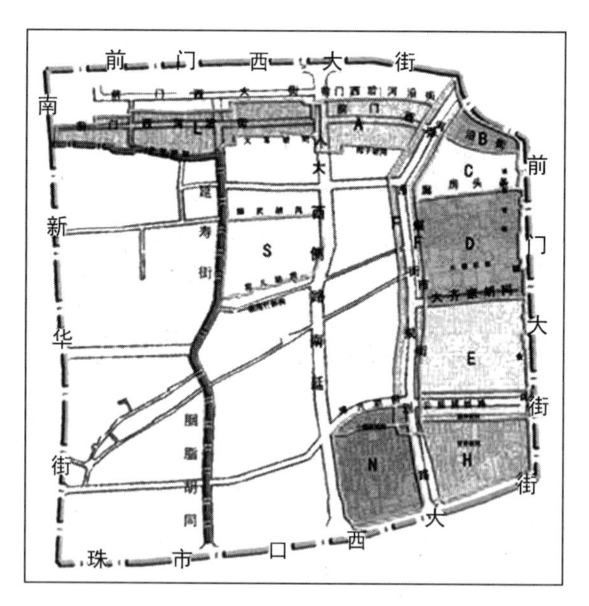

图 10-4　大栅栏地区拟开发地块分布图

资料来源：大栅栏街道工委、大栅栏街道办事处：《北京西城区大栅栏街道发展规划（2011—2015）》，2010 年。

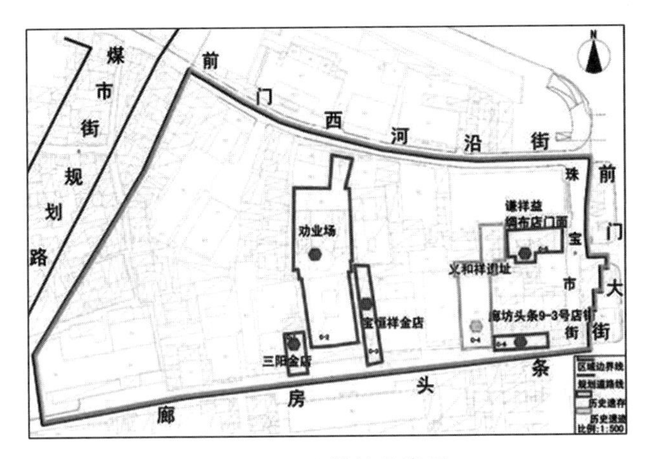

图 10-5　C 地块示意图

资料来源：大栅栏街道工委、大栅栏街道办事处：《北京西城区大栅栏街道发展规划（2011—2015）》，2010 年。

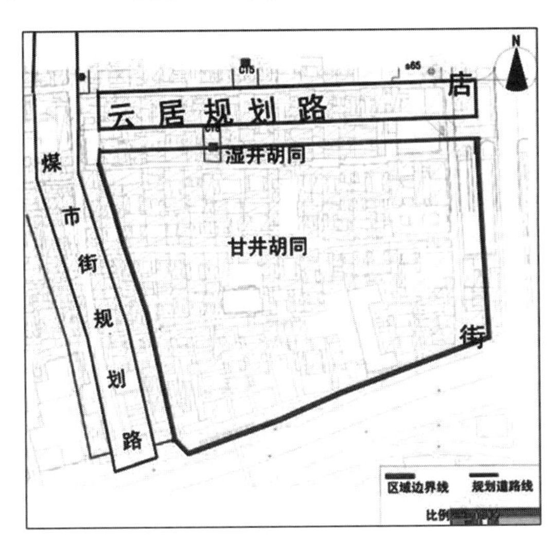

图 10-6　H 地块示意图

资料来源：大栅栏街道工委、大栅栏街道办事处：《北京西城区大栅栏街道发展规划（2011—2015）》，2010 年。

如果建设了足够的社区停车场，机动车将不允许进入大栅栏片区，为了保证社区内通行的便利性，作为非机动化建设的重要措施之一，可以在社区周边，尤其是临近地铁站、公交站、停车场的社区入口处设立公共自行车租赁点。公共自行车租赁在国内外具有良好的实践，社区内居民可以凭借居住凭证向社区申请自行车租赁卡，并在社区外围与自家附近的停车点之间进行接驳。这一措施一方面保证了社区内的通行能力，另一方面也解决了目前社区内非机动车乱停乱放的问题。

10.2.2 改善步行系统和步行环境

随着城市的现代化和机动化的推进，历史城区的空间正面临转型，机动车和行人对空间的争夺愈演愈烈，居民出行的环境在不断恶化。

以大栅栏地区为例，区域内来往的非机动车已经成为困扰老年人的最大步行安全隐患。根据对样本老年人的深度访谈可知，社区内的自行车很少造成老年人的安全事故，而电动车由于行驶速度快，很可能在社区内的十字路口、丁字路口等交通事故高发地段对老年人造成伤害。有些老年人还表示，部分电动车在行驶时不注意避让老年人，在老年人身后行驶时，急于超越老年人，有些车辆在老年人身后连续大声鸣笛，容易引发老年人心脏病等疾病突发，造成严重的人身伤害。从国际经验来看，建设“无车社区”(car-free community）势在必行。建设“无车社区”主要有以下策略。

首先，控制车辆进入和限制车辆速度。可以在社区内增加减速带以控制电动车的行驶速度，减速带的密度在每五十米一个的基础上调整。同时，在社区内部的十字路口、丁字路口设立道路转弯镜，让车辆能够提前判别对向来车情况，从而避免交通事故的发生，对于这个方案，笔者深度访谈了社区内各种特性的人群：

（调查对象：42 岁，女，本地人）（我们先解释了一下道路转弯镜是什么，给她看了图片）这个挺好的，我在公路上看到过这个，但是可能不是所有路口都能放，有些路口太小了，本来就很挤，再放这个更加没有办法走了。

（调查对象：23 岁，男，外地人，居住 4 年，电动车使用者）设那个减速带挺不方便的，就要走走停停，而且也很不舒服……（如果强制要求要限定速度，您会接受吗）……那也可以啊，大家一样就行啊，别对本地人不要求，却只是对我们要求……

其次，提高步行环境的友好度。提高大栅栏地区步行空间的老龄化适宜程度，优化步行空间的文化环境和视觉环境。北京市规划和自然资源委员会（原北京市规划委员会、北京市规划和国土资源管理委员会）曾对大栅栏地区提出以下步行空间的改造计划（见图 10-7）：

（1）墙面改造：粉刷脱皮墙面，在部分墙体安装宣传栏，突出当地文化特色；在部分有条件的地区可以增设镂空墙面，并嵌以绿化装饰。

（2）增加垂直绿化：在胡同里部分沿墙的区域添加垂直花箱，增加道路两侧绿化。

（3）增加休憩绿化设施：在道路较宽的胡同，可以设置座椅和绿化一体的花箱，在花箱两侧还可以留出小花盆，供居民自己种植花草。

（4）砖制绿化种植池：在厕所或其他拐角处有较大面积且不适宜设置公共活动空间的地方，修砌砖制绿化种植池，美化环境。

（5）增设晾衣架：由于院落内私搭乱建现象普遍，基本没有足够的空间晾衣服，因此在社区内可以设置一些公共的晾衣架，同时在晾衣架的两端增设悬挂绿植。

现场照片

1.墙面粉刷，顶部做仿古屋檐。
2.墙面安装防腐木宣传栏，以二十四孝为主题突出培英胡同文化特色。
3.盆栽垂吊植物码放于宣传栏底部凹槽里，将绿化与文化更好地结合在一起。

改造后效果图

（a）大栅栏地区胡同改造设计方案——培英胡同节点一

现场照片

1.增设一组带座椅的单臂防腐木花架，利于植物攀爬生长。
2.胡同一侧摆放几组防腐木花箱，居民可种植自己喜欢的花草和小型花灌木。

改造后效果图

（b）大栅栏地区胡同改造设计方案——培英胡同节点二

现场照片

1.墙面粉刷翻新。
2.墙面安装种植箱，种植垂吊植物和花卉，使墙面效果不再单调。

改造后效果图

（c）大栅栏地区胡同改造设计方案——元兴夹道

图 10-7　大栅栏地区步行空间改造计划案例

资料来源：北京市规划和自然资源委员会西城分局。

10.2.3 合理发展共享自行车和助力车

历史城区应该鼓励自行车的使用，为自行车的使用创造便利条件。近年来，共享自行车发展迅猛，为历史城区自行车的发展带来的机遇。调查发现，大栅栏地区的居民对共享自行车的接受度较高。

(调查对象：52岁，女，本地人）你们这个主意太好了，我之前就在报纸上看到过这种，而且现在新建的虎坊桥地铁站旁边已经有了这个东西，你们可以去看看那里，但是那个离我家太远了，希望在我们这边也有网点。

(调查对象：24岁，男，外地人）我自己是开车的，但是我还是要把车停进来，就是因为停在外面到我住的地方太远了，如果有个自行车可以用的话，我可以把车停在外面……但是停车费也不能太贵哦……

(调查对象：72岁，女，本地人）这个东西我也用不了，我也不敢骑自行车，但是也挺好的，自行车挺安全的……每几条胡同有一个就够了，大栅栏也没有那么多地方……

但是，目前在历史城区发展共享自行车仍需注意一些问题。首先，大栅栏地区建设社区内部公共自行车停放处缺少足够的空间。其次，自行车的乱停乱放降低了步行环境的舒适度，尤其是给老人带来出行不便。

此外，调查发现，电动车停车占用步行道的情况比自行车占用更加严重，而且安全隐患大，包括充电失火、制动性能差而易撞伤行人等。该地区电动车的所有者和使用者多为在当地生活的流动人口。流动人口普遍缺乏社区归属感和责任感，较难通过道德约束和教育来督促其整齐停放，因此可以在社区内部建立电动车集中停放场所，同时制定严格的管理措施。

10.2.4 人性化公共交通服务

对于历史城区来说，普通公交车仍然是公共交通的主力军，但也面临着高峰期拥堵和拥挤的问题。应该发展以地铁、快速公交为主的城市公共交通骨架，以社区巴士完成短距离摆渡、换乘及“最后一公里”的出行，进而形成高效、快捷、舒适的公共交通出行环境。

随着城市公共交通向多模式、多层次体系发展，社区巴士已成为城市公共交通体系中的重要组成部分。社区巴士以社区居民为主要服务对象，在美、英等发达国家比较常见，而在我国仍属于一种新型的公交服务模式。在城市公共交通运输系统内部，社区巴士处于从属地位，具有补充性和辅助性的特点，主要用来为大容量公共交通和常规公交提供客源和疏散客流。具体有以下三方面作用：首先是补给作用，社区巴士为短距离乘客提供便捷服务，为公共交通快线、干线提供接驳换乘服务，具备加密公交网络覆盖的功能。社区巴士可以为各类公共交通运输方式提供更多、更分散的客源，使各类公共交通运输方式的乘客满载率更高，规模效益优势更突出。其次是联运作用，通过社区巴士与其他公共交通运输方式的联运，乘客出行过程中，既可满足出行快捷性的需求，也可满足便利性需求。最后是辅助整合公交系统秩序的作用，社区巴士具有便捷、灵活、规范、安全、票价低等特性，结合居民出行需求开设，能在一定程度上遏制“黑车”市场，有利于维护公交系统秩序，促进城市公交系统健康、持续发展。

大栅栏地区的社区巴士建设应定位为改善居民小区出行服务的驳运线路，串联居民区、轨道站点、公交枢纽、学校、社区服务中心和商场等客流集散点，其具体建设应遵循以下要求。

首先，从运营模式来看，公共交通是公益性事业，社区巴士运营建议以政府为主体，适度放权吸引部分私营企业。

其次，在线路开通前期的线路规划阶段，线路走向和站点设置建议多征集民众意见，结合居民出行需求尽可能实现门到门服务。借鉴香港特别行政区发展巴士的经验，可考虑在线路运营初期，以灵活性为主，线路走向和站点不固定，在考虑上车乘客需求的基础上，司机选择合适的路径，待每一区域线路发展到一定阶段，必然会出现集中的客流点，此时便可适度固定线路走向与站点。

最后，建议让社区巴士乘客享受城市公交系统中的换乘优惠，票价不高于常规公交，降低乘客出行成本。在运营过程中应尽可能削减运营成本，如实行无人售票、车辆采用低排量的小型车（9 座到 24 座）等，避免运营亏损。

10.3 打造宜业宜居社区生活环境

10.3.1 改善社区生活环境

历史城区普遍面临设施缺乏、住房紧张、生活环境差、生活受游人打扰等问题。以大栅栏地区为例，笔者调研发现大栅栏地区的住宅大多建于民国时期或中华人民共和国成立初期，房屋陈旧、卫浴设施缺乏，生活不便。笔者实地调查发现，受访者家庭人均建筑面积平均值为 8.53 平方米，最小值为 1 平方米，大部分家庭的人均居住面积小于 15 平方米。

大栅栏地区临近天安门广场、人民大会堂，因此每天有大量游客来此游览，密集的人流对社区的安静环境造成一定压力，也给居民生活带来不便。当调查往来游人对居民生活的影响时，有 36.27% 的受访者认为往来的游客打扰了自己的生活（见表 10-6）。

表 10-6 往来游人对居民生活的影响

往来游人没有打扰居民生活	频数	百分比 (%)
非常同意	106	37.32
同意	66	23.24
一般	9	3.17
不同意	56	19.72
非常不同意	47	16.55
总计	284	100

资料来源：作者根据计算结果整理绘制。

笔者在调查中还发现，大栅栏地区胡同道路拥挤、被占用现象严重，区域内道路两侧的停车占用行人道现象严重。拆迁改造造成的建筑垃圾堆放，在影响胡同整洁的同时也降低了道路通行能力。此外，区域内住户私搭乱建严重，造成胡同内道路被占用的现象。

针对大栅栏地区面临的人居环境问题，从政府、社区、居民三个层面考虑，可以对以下五个方面进行改善。

第一，做好人口疏解工作，改善居住条件。截至 2014 年末，北京市城六区中西城区的人口密度最高，达到每平方公里 25767 人①，过高的人口密度不仅会带来治安隐患，也会降低社区的安静程度，对社区宜居水平产生负面影响。加强人口疏解工作也有利于居民住房条件的改善。

第二，科学调整各类用地比例，为社区生活质量提升奠定基础。大栅栏地区人均公共绿地面积和绿化覆盖率偏低，旧城更新规划中应适当增加绿地面积比例。

第三，完善交通、卫生医疗、教育和日常生活便民设施建设，打造 15 分钟生活圈，尽量在合理的步行范围内满足居民日常生活需求。

第四，通过丰富社区活动形式来营造良好的社区文化氛围。社

① 《2014 年北京市人口发展变化情况及特点》，北京市统计局网站，http://tjj.beijing.gov.cn/zxfbu/202002/t20200216_1636952.html，2019 年 6 月 30 日访问。

区活动可以调动居民的积极性，能够促进社区人文环境建设、改善人际关系、提供和谐的居住氛围、保障社会的安全稳定发展。社区居委会可以经常组织文体活动，如歌舞表演、趣味竞赛等，吸引附近居民参加，丰富人们精神生活的同时，也能够加强居民之间的联系、促进社区和谐。

第五，社区应具备“社区赋权”意识，鼓励居民从自身角度出发，为社区的发展做力所能及的工作。“社区赋权”（community empowerment）是一种社会行动的过程，能够促进民众、组织和社区的参与，以朝向增强个人和社区控制、政治效力、改善社区生活以及社会公平的目标（张松、赵明，2010）。通过“社区赋权”，居民会产生“主人意识”，关心社区建设、关注社区事务，并积极参与到社区政策的制定与改善中。实现“社区赋权”的方式主要为社区学习以及社区组织建构。

10.3.2 建设低碳社区

中国目前的低碳社区建设与国外成熟低碳社区规划存在较大差异（见表 10-7）。首先，国内低碳社区规划尚处于起步和探索阶段，重视物质技术手段和刚性指标，但技术方法大大落后于国际水平，缺乏对软性组织制度、文化氛围营造的重视。其次，中国的低碳建设对城市的关注较多，而对社区的关注较少。最后，国内低碳社区规划依然仿照城市规划的“自上而下”的规划体制，缺乏公众参与制度和驱动力。

表 10-7 国内外低碳社区规划差异对比

	国内低碳社区规划	国外低碳社区规划
方法	对物质技术手段、刚性指标重视，但技术方法大大落后于国际水平，缺乏对软性组织制度、文化氛围营造的重视	物质技术方法先进、创新性强；对社区互相监督制度、主动上报家庭能耗数据、低碳社区文化营造等软性组织制度和措施相当重视

（续表）

	国内低碳社区规划	国外低碳社区规划
对象	更关注城市层面，对于城市生活基本单元——社区的关注较少	关注社区、建筑和细节处的低碳节能
主体	自上而下的规划体制，一般由政府部门主导实施，开发商配合参与；有部分非政府组织参与；缺乏公众参与制度	提倡社区公众参与，让公众具有对社区的“责任感”和“归属感”并彼此约束和鼓励低碳行为，共同制定符合利益的低碳制度和措施

2014年北京市人民政府出台了《北京市民用建筑节能管理办法》，鼓励居住建筑和公共建筑规划、设计、建造和改造等活动符合节能要求，合理有效地利用能源，降低能源消耗。特别是在既有民用建筑改造方面，制定了具体改造的原则和方针。近年来，北京市加大力度推广太阳能、地热能、水能、风能等可再生能源的利用，推行民用建筑节能项目享受国家补贴奖励的政策，还鼓励以商业银行贷款、合同能源管理等方式推动民用建筑节能工作。但大栅栏地区作为具有历史风貌和传统元素的历史区域，许多建筑有近百年历史，且胡同整体格局比单体建筑更具有历史价值，因此该区域的节能改造不同于一般的老旧城区的节能改造，区域内的住宅建筑节能改造不可避免地涉及历史性的保护问题，同时保护整体街区的完整性显得尤为重要。

大栅栏地区居民多为北京原有居民，居住时间大部分都超过40年，因此对传统的生活方式较为适应。笔者在实地调查中发现，居民不太愿意对所住房屋进行改造且对节能设施和清洁能源并不了解。此外，居民在生活中节能意识也不强，缺乏对节能意义的深切体会。由于节能改造外部性很难预测，居民自愿改造的积极性不高。如若以街区形式加以改造，通过大力宣传改造收益，提升居民对房屋进行节能改造的积极性，或许可取得一定成效。在实际操作中，可以让改造意愿较高的居民作出示范，并公示改造后的能耗与改造之前能耗的情况比较，向意愿较高的居民提供适当的激励补助，从而提高其他居民的改造意愿。

另外，大栅栏地区的居住情况大多是一个四合院内居住 4—5 户居民，且属于集体产权，居民只享有使用权。如需实行节能改造，以街区为单位进行改造的成本要远远低于分户改造的成本，但是在实践操作中，不同住户对改造的需求不同，很难达成一致，这是大栅栏地区低碳节能改造的主要难题之一。针对这一难题，详细建议如下。

第一，加强国家标准规划的实施力度。原国家建设部（现住房和城乡建设部）2005 年发布的《关于发展节能省地型住宅和公共建筑的指导意见》明确提出，“到 2020 年，北方和沿海经济发达地区和特大城市新建建筑实现节能 65% 的目标，绝大部分既有建筑完成节能改造，我国住宅和公共建筑建造和使用的能源资源消耗水平要接近或达到现阶段中等发达国家的水平”。随着北京市节能工作的开展，北京市的建筑节能相关标准法规相继颁布，也为建筑节能领域的各项活动提供了法律依据和规范，表 10-8 反映了北京市标准体系的建设进展情况。

表 10-8 北京市建筑节能标准体系的建设进展

名称	实施时间	相关内容
《北京市节能管理评优奖励办法》	1990 年 3 月 26 日	对在节能工作中做出贡献的单位和个人给予表彰和奖励
(北京市)《建筑节能与墙体材料革新专项基金使用管理实施办法》	1994 年 4 月 12 日	凡使用实心黏土砖的式业与民用建筑，按不同情况征收“限制使用费”，作为建筑节能、墙体材料革新专项基金，根据不同用途，实行无偿使用和有偿使用

（续表）

名称	实施时间	相关内容
《节能住宅管理暂行办法》	1994 年 4 月 12 日	规定了节能住宅的审批、监督和检查，不符合节能住宅标准的需缴纳固定资产投资方向调节税
《北京市增强水泥聚苯复合保温板施工技术规程》	1997 年 10 月 1 日	规定了技术要求、施工条件、施工材料、施工机具、施工程序、质量标准和工程验收等相关事项
《民用建筑节能设计标准（采暖居住建筑部分）北京地区实施细则》	1998 年 1 月 1 日	结合本市实际情况规定了建筑节能 50% 的设计标准的实施细则
《北京市地热资源管理办法》	1999 年 10 月 1 日	规定地热资源的勘查、开发、利用必须有相应的许可证，开采应安装计量表
《北京市低温热水地板辐射供暖应用技术规程》	2000 年 10 月 1 日	规定了材料、设计、施工、检验、调试与验收等方面的技术要求
《北京市人民政府办公厅关于在本市城近郊区推广使用清洁能源有关事项的通知》	2001 年 1 月 19 日	在本市城近郊区内，各种新建、改建、扩建项目，原则上不得使用燃煤，应选用清洁能源；在 2002 年 12 月 31 日以前，凡本市城近郊区内按规定将燃煤改为天然气等清洁能源的，可享受一定优惠政策
《北京市外墙内保温板质量检验评定标准》	2001 年 3 月 1 日	规定了原材料、面层料浆和板材性能等的技术检验标准

（续表）

名称	实施时间	相关内容
《北京市建筑节能管理规定》	2001年9月1日	鼓励推广应用建筑节能新技术和新产品，淘汰非节能环保型建材，规定2003年5月1日起全市禁止生产黏土实心砖
《北京市增强粉刷石膏聚苯板外墙内保温施工技术规程》	2001年10月1日	规定了技术要求、施工条件、施工材料、施工工具、施工程序、质量标准和工程验收等相关事项
《北京市外墙内保温施工技术规程》	2002年6月1日	规定了技术要求、施工条件、施工材料、施工机具、施工程序、质量标准和工程验收等相关事项
《北京市人民政府办公厅关于燃煤联片供热锅炉改用清洁能源有关工作的通知》	2003年7月25日	规范燃煤联片供热锅炉改造工作，规定各单位须按期完成锅炉改造任务，达到本市《锅炉污染物综合排放标准》要求
《居住建筑节能设计标准》	2004年7月1日	节能目标提高到65%，建筑降低能耗的措施从过去仅由围护结构和采暖来分担，扩大到由围护结构、外墙、屋顶、外门窗来承担；根据北京气候特点，以冬季采暖为主，兼顾夏季空调制冷的节能
《公共建筑节能设计标准》	2005年7月1日	结合北京地区的具体情况，对公共建筑围护结构节能以及采暖、空调、通风系统的节能提出强制性的要求

（续表）

名称	实施时间	相关内容
《北京市既有建筑节能改造专项实施方案》	2007年12月1日（发布）	完善既有建筑节能改造的政策法规，明确不同既有建筑改造的技术路线、既有建筑改造的激励政策和财政资金支持政策
《北京市既有建筑节能改造项目管理办法》	2008年5月30日	建筑节能改造任务根据各部门分解，使用固定资产和政府资金改造，确定固定改造预算上限标准
《北京市2015年棚户区改造和环境整治任务》	2015年3月10日（发布）	2015年，棚户区改造项目合计118个，明确北京各个区内改造户数、范围及改造任务
《2015年北京市建筑节能与建筑材料管理工作要点》	2015年3月26日（发布）	贯彻绿色生态示范区创建工作，推动既有建筑开展建筑标识评价，加强绿色建筑质量管理

2014年6月3日北京市人民政府第43次常务会议审议通过的《北京市民用建筑节能管理办法》提出，集中供热的公共建筑施行热计量收费制度，集中供热的居住建筑逐步实行热计量收费制度。该管理办法还要求要加快既有民用建筑节能改造：居住建筑的节能改造，属于政府直管或者单位自管的，由房屋管理单位负责组织实施工作，其他居住建筑由区县住房城乡建设行政主管部门或者区县人民政府指定的有关机构负责组织实施工作。

大栅栏地区的既有建筑主体多为国家权属，大部分居民并不拥有房屋产权，在改造过程中可通过经济激励政策推动改造实施，以自愿为前提，分部分、分阶段地进行节能改造，对于自愿进行改造的居民，提供专项补贴和财政奖励。节能改造办公室负责区域内居民建筑改造并监管改造过程中可能出现的私搭乱建现象，以确保改造过程中该区域历史风貌的完整性。

第二，创新管理制度。大栅栏地区供热至今尚未全面实行分户控制、分户计量。推动热计量收费的实施可以从以下几个方面着手：首先，政府应宣传节能意识，应使用户充分了解供暖分户计量的长期效益，用户节能改造属于自愿行为，政府作为第三方应鼓励而不是予以强制，可以通过奖励、补助、补贴等形式鼓励居民自愿完成改造；其次，供暖热计量的收费与用水、电、气不同，用户只能通过改变室内温度来决定供暖能耗，因此要明确热计量的收费方式和标准，体现公平公开原则；最后，分户计量改造还需要与围护结构的改造相结合，尽量减少户间传热，从而提高供暖质量。

第三，完善节能设计。目前我国老旧城区既有建筑能耗表现为三高：高能源消耗、高资源消费、高污染。现存非节能建筑的共同特点是建筑围护结构的保温性能差、建筑中的暖通空调系统运行效率低。大栅栏地区老旧建筑的改造可以从建筑自身节能和采暖系统节能两方面考虑。建筑围护结构改造、城市管网系统改造以及对体制和能源价格的调整等是实现节能的主要途径。

建筑的围护结构是建筑中热量（或冷量）损失的主要途径，据统计，建筑物整个能量损失中有 21% 是由渗漏导致的，而渗漏主要发生于墙体之间。大栅栏地区的建筑墙体结构年代久远，围护性能和保温性能较差。可以通过在建筑外墙添加内保温层来实现对建筑围护结构的节能改造，这样既不影响外立面又可以达到保温效果。考虑到大栅栏地区是历史风貌区，建议采用内墙体保温改造技术，保留外墙整体形态。

笔者调查发现，大栅栏地区降温设备的普及率达 93%，其中 45% 的居民使用电风扇降温，48% 的居民使用空调降温。可见，该区域对暖通空调系统的改造也非常重要，在建筑改造设计中，应尽量使系统在最低能耗下运行。

第四，宣传教育。宣传教育是节能减排的重要策略之一。笔者在实地调查中发现，大栅栏地区的建筑节能宣传力度不足，在宣传上有一定局限性，需要拓展节能宣传渠道，建立信息共享平台。例如，可将一年中的某个月定为节能月，每年的节能月可以面向公众和公共机构举办能源效率展览和大型活动，也可以指定检查日，评估社区内的节能活动和生活习惯等，通过这些手段加强居民的节能意识。此外，还可以组织居民及居委会成员定期学习《民用建筑节能管理规定》(由原国家建设部发布，于 2006 年施行)，开展建筑节能知识竞赛等，鼓励居民了解节能知识。

本章参考文献

[1] 张松、赵明:《历史保护过程中的“绅士化”现象及其对策探讨》,《中国名城》2010 年第 9 期。

结　语

城市是人类文明的载体，也是人类文明的关键内容之一。中国历史悠久，历史城区展现了中华文明发展的脉络，从皇城宫廷、官邸府衙、民宅庙堂、亭台楼阁，到街巷里弄、园苑景囿，再到工场作坊、门店摊贩、起居饮食、习俗民风等，无不体现着历史文化的发展和演变。

近年来，随着中国城镇化的快速发展，在现代化、工业化、经济全球化和市场化的同步推进下，历史城区的发展迎来新的机遇，同时面临着新的问题，出现了新的矛盾，甚至不少旧的矛盾也以新的形式暴露出来，例如经济高速增长与绿色宜居发展之间的矛盾、经济发展与历史遗迹保护之间的矛盾、居民日益增长的高品质生活需求与现有人居环境水平较低之间的矛盾、现代化生活方式与传统非物质文化传承的矛盾、当地居民同外来人口之间在社会生活与空间利用上的矛盾等等。这些矛盾与老百姓的日常生活密切相关，涉及城市规划、街区设计、设施建造、土地与住房管理、社区管理等城市建设管理的多个环节。这些矛盾的化解对于建设宜居城市具有极其重要的意义。

本书深入研究了中国典型历史城区——北京大栅栏地区的演变、发展及其社会经济特征，揭示出当前中国历史城区发展的现状与矛盾。本书以“绿色宜居”为主线，系统地梳理和评价了空间演变生命周期理论等历史城区的发展理论，通过收集历史文献资料和现场一手调研数据，对大栅栏地区的空间生长与演变、文化传承与社会发展、遗迹保护与文脉延续、绿色与公共空间使用、房屋现状与节能耗能等，进行了全面、透彻的分析。本书采用现状剖析、问题识别、机制解析、政策评价、策略应对的思路，为进一步提升大栅栏历史城区的绿色宜居水平提供决策支持。

历史城区的形成非一朝一夕，对历史城区的研究也不应止于三年五载的投入。历史城区是一个有机的生命体，技术进步、制度变革、人的生活方式的变化等，都会促使其不断生长和演变。本书只是欧盟第七框架项目 PUMAH 的一个阶段性成果，内中不足，敬请批评指正。更重要的是，我们的研究还将持续进行。

未来，在研究内容上，我们将继续探索历史城区的基础设施规划与建设、历史城区的生活与生活圈规划、历史城区交通管理等领域；在研究方法上，除了采用历史文献、统计年报、调查问卷、深度访谈等传统研究模式，我们还将更多地利用大数据，对建筑、人的生活和企事业单位的生产活动等进行深入、全面的分析。